SÄCHSISCHE ERFINDUNGEN

KLAUS GERTOBERENS

SÄCHSISCHE ERFINDUNGEN

1650 bis HEUTE

Ostra-Allee 20, 01067 Dresden | *www.editionsz.de*

unter Mitarbeit von Dirk Hein, Marika Schwarz, Peggy Stuber
Layout und Satz. Tony Findeisen, Dresdner Verlagshaus Technik GmbH
Druck. Medienhaus Lißner

3. durchgesehene und verbesserte Auflage 2011

ISBN. 978-3-938325-31-5

Im Land der Tüftler und Erfinder

Wer an Sachsen denkt, denkt oft zuerst an die Dresdner Frauenkirche, an die Sächsische Schweiz, vielleicht an das Meissner Porzellan, eventuell noch an die Leipziger Messe. Nun rücken aber auch immer öfter Erfindungen und Innovationen in den Vordergrund. Das war schon einmal so.

Am Ende des 18. Jahrhunderts hatten sich in Sachsen die meisten Manufakturen in Deutschland angesiedelt. Im 19. Jahrhundert war Sachsen das Pionierland der industriellen Revolution. Und zu Beginn des 20. Jahrhunderts war es zusammen mit Thüringen das größte zusammenhängende Industriegebiet des Deutschen Reiches. So kann es nicht weiter verwundern, dass zu Beginn des vorigen Jahrhunderts in Sachsen das höchste Bruttoinlandsprodukt pro Kopf der Bevölkerung in Europa erzielt wurde. Ob in Leipzig mit seiner 800-jährigen Messetradition oder in Chemnitz, das wegen seiner Textilindustrie das Manchester Deutschlands genannt wurde, oder in Zwickau mit seiner hundertjährigen Autobau-Tradition oder auch in Dresden als Zentrum der Zigaretten-, Schokoladen- oder Kameraindustrie – die frühen Industrieunternehmen hatten sich nicht ohne Grund in einer der wirtschaftlich wichtigsten Regionen der Welt angesiedelt.

Auch damals schon bedingten Kultur und Wirtschaft sich gegenseitig. Die barocke Blüte von Kultur und städtischer Entwicklung beruhte auf den klug genutzten Silberfunden im Erzgebirge. Und dies wiederum zog die Unternehmer an. Der Sachse sei „von natur tätig und industriös", hieß es schon 1834 im Damen Conversations Lexikon des Karl Herloßsohn.

Sachsen war von jeher ein Land, in dem die Menschen auf Neues aus waren, ein Land der Tüftler und der Erfinder. Findige Köpfe und Leute mit scharfem Verstand. Soviel Wissen und Klugheit kommen natürlich nicht von ungefähr. In Leipzig

befindet sich die zweitälteste Universität und die erste Handelshochschule Deutschlands, in Freiberg die älteste Bergakademie der Welt, in Tharandt die weltweit erste forstwirtschaftliche Lehr- und Forschungsinstitution und in Dresden die erste deutsche technische Bildungsstätte.
Viele Innovationen haben hier ihre Wiege – oder haben hier zumindest das Laufen gelernt. Dabei wird deutlich, dass der Großteil der Neuerungen nicht auf der Idee eines einzelnen, genialen Erfinders beruht. Sie sind vielmehr Resulat von zahllosen Versuchen, Irrtümern, Änderungen, Misserfolgen und erneuten Versuchen. Wir würden es uns zu einfach machen, wenn wir den Erfolg nur einem oder zwei Erfindern zuschreiben würden. Auch die meisten der hier beschriebenen „sächsischen Erfindungen" wären ohne Vorarbeiten und Denkanstöße kaum möglich gewesen. Und dennoch: der Geist eines einzelnen hat sie zu etwas besonderem gemacht. Ein neuer Ansatz, eine entschiedene Weiterentwicklung, die kreative Lösung eines technischen Problems. Das Meissner Porzellan war eine Innovation ohnegleichen. Bierdeckel, Kaffeefilter, Teebeutel – Erfindungen, die das Alltagsleben angenehmer machen.
Erfindungen und Entdeckungen erleichterten gerade im 18. und 19. Jahrhundert auch in Sachsen die schwere Arbeit, verkürzten beschwerliche Reisen, schufen Arbeitsplätze, legten den Grundstein für weitere technische Entwicklungen. Der Zweite Weltkrieg brachte dann eine Zäsur. Die Innovationskraft der Sachsen fiel auf ausgedörrten Boden. Die sozialistische Steuerung der Wirtschaft führte zum Nachlassen der Investitionstätigkeit und damit zum Verlust der Konkurrenzfähigkeit. Die Wiedervereinigung eröffnete dann endlich die Möglichkeit, an alte Traditionen anzuknüpfen. Seither steht Sachsen aber auch für Mikroelektronik, Biotechnologie oder hochmoderne Autos.
Die Währungsunion und der Einzug der Marktwirtschaft führten aber zunächst zum Zusammenbruch der nicht wettbewerbsfähigen Wirtschaft und zum Wegfall vieler

unrentabler Arbeitsplätze. Der tief greifende Strukturwandel war ein Schock für hunderttausende Menschen. Mittlerweile sind aber die Erfolge bei der wirtschaftlichen Umstrukturierung unübersehbar. Es gibt sie wieder, die erfolgreichen Unternehmen mit Spitzenprodukten. So hat sich Dresden zum High-Tech-Standort entwickelt. Die international tätige Unternehmensberatung McKinsey zählt die Landeshauptstadt zu den wichtigsten europäischen Wachstumszentren in diesem Bereich. Als die Mauer fiel, hatten Unternehmen wie Robotron und ZMD dreißig Jahre Erfahrung gesammelt. Auf dieser Basis entstand um die Niederlassungen von Weltfirmen wie Infineon und AMD eine einmalige Konzentration von Unternehmen der Halbleiterindustrie. Als der AMD-Vorstandschef Ende der neunziger Jahre gefragt wurde, warum er sich für den Standort Dresden entschieden habe, begründete er seine Wahl mit dem Satz: It's all about people – er komme der Menschen wegen. Und aus diesem Grund fiel es auch dem Autokonzern VW nicht schwer, in Zwickau, an die Geburtsstätte einer erfolgreichen Autoindustrie, einen Leuchtturm zu setzen, der gemeinsam mit seiner Zulieferindustrie weit in die Region strahlt.

Dies hat sich nämlich in all den Jahrhunderten nicht geändert: Erfindungen entstehen vor allem dort, wo sich in interdisziplinärer Zusammenarbeit ein breites wissenschaftliches Potenzial und kreative Industrie zusammenfinden. Wissenschaft und Forschung haben in Dresden eine lange Tradition. An diese Tradition wird heute wieder angeknüpft: Mehr als 30 Forschungsinstitute haben sich in Dresden angesiedelt. Vertreten sind die Max-Planck-Institute, die Fraunhofer-Gesellschaft und die Leibniz-Gesellschaft mit allein vier Instituten. Zusammen mit über 2.000 Mitarbeitern in den Entwicklungsabteilungen der Unternehmen kann Dresden stolz sein auf die höchste Forschungskonzentration im technischen und naturwissenschaftlichen Bereich in Ostdeutschland.

Sachsen und die Sachsen stehen für eine lange Geschichte, eine spannende Gegenwart und eine interessante Zukunft.

Vnd weil der König in Spanien sie vor eine freye Regierung
erkläret / als werden sie sich ümb so viel desto mehr verbinden.
General Fairfax / un Cromwel / seind noch kürtzlich zu Londen /
doch ihre Völcker nach Norden gewesen / es haben bereits die
Engläischen / ein Schottisch auß Holland gekommenes Schiff
überwältiget / und weggenommen. Von des Königs An-
kunfft in Schottlandt hat mann noch keine Gewißheit. In
Hollandt seynd die Herren Staten unter einander verglichen /
daß nemlich 50. Compagnien zu Fuß und 20. zu Pferde abge-
dancket werden sollen.

Metz vom 20. 30. dito.

Die Lottheringischen liegen noch ümb Mercig und Wal-
derfangen / tentiren nichts / und wegen Mangel Vivers / ver-
lauffen sie sehr / seind nicht mehr über 600. Pferde / und 1000.
zu Fuß starck / es sollen noch 2. schwache Regimenter auß Flan-
dern zu ihnen stossen / vermeynen sich an der Saar zu refrachi-
ren und zu verstärcken.

Cölln / vom 10 dito.

Vor etlichen Tagen ist der Junge Pfaltzgraff von Newburg
mit dero Gemahlin / sampt der alten Fürstin von Düsseldorff
von Embs / hier vorbey nach Düsseldorff / hingegen des Chur-
fürsten Pfaltzgraffen Fräwlein Schwester / mit dem Milort
Gräfen in des Printzen von Uranien JagtSchiff auffwarts
gegen Heydelberg geschiffet / viel Pagage bey sich habende / un
soll deren Fraw Mutter die Pfaltzgräfin in kurtzen auch her-
auff folgen / die Frantzosen stehen ümb S. Qventin / suchen
den Spanischen die Lebens-Mittel abzuschneiden / daran sie
ziemblichen Mangel haben. Zu Dünkirchen seyn etliche Re-
gimenter Frantzosen ankommen / unnd werden daselbsten viel
Schiffe / Ponten / und andere Kriegs Materialien / zusammen
gebracht / daß also ein Anschlag obhanden seyn mag / deßwegen
die Spanischen viel LandVolck auffgeboten / un alles in Defen-
sion stellen.

E N D E.

ANNO 1650.

Einkommende Zei[...]

Die Tageszeitung

VIER SEITEN, 200 EXEMPLARE

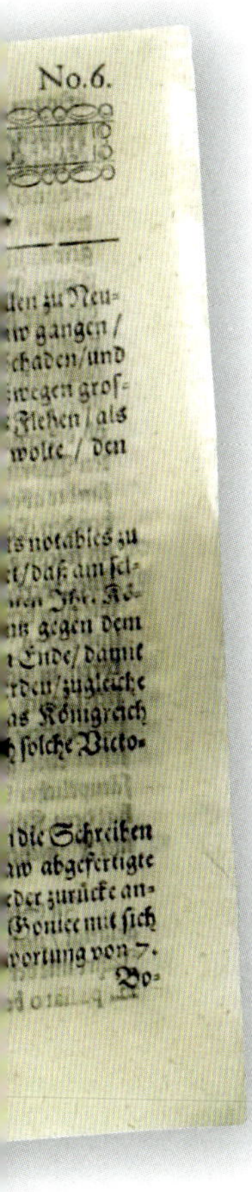

1650

Zeitunglesen beim Frühstück. Für Millionen Menschen ist dies ein Grundbedürfnis, ohne das der Start in den Tag nicht gelingen mag. Sie geben damit einem Medium die Ehre, das die Welt veränderte. Ohne Zeitung keine Aufklärung, ohne Zeitung kein Wegweiser in eine moderne Gesellschaft, in eine Demokratie.

Der Begriff Zeitung tauchte als „zidunge" mit der Bedeutung „Kunde" oder „Nachricht" im Raum Köln bereits Anfang des 14. Jahrhunderts auf. 1605 war es dann der Buchdrucker Johann Carolus (1575-1634) in Straßburg, der als erster auf die Idee kam, den Buchdruck für die regelmäßige Verbreitung von Nachrichten einzusetzen. Zuvor hatte er wöchentlich noch mit der Hand abgeschriebene Nachrichten verkauft. Nun erschien in seiner „Truckerey" die erste gedruckte Wochenzeitung mit dem Namen **Relation aller fuernemmen und gedenckwuerdigen Historien.** Im Laufe des 17. Jahrhunderts befriedigten dann bereits in 70 deutschen Städten Wochenblätter das Bedürfnis der Menschen, über ihre Stadtmauer hinaus in die Welt zu schauen.

1650, zwei Jahre nach dem Ende des 30-jährigen Krieges, erscheint in Leipzig mit den **Einkommenden Zeitungen** zum ersten Mal eine Tageszeitung mit sechs Ausgaben pro Woche. Der Drucker und Buchhändler Timotheus Ritzsch (1614-1678) gibt sie heraus. Jede Ausgabe hatte vier Seiten im Format von 13,5 mal 17 Zentimetern. Die Auflage dürfte nicht mehr als 200 Exemplare betragen haben. Gesetzt waren die **Einkommenden Zeitungen** in Metall-Lettern, gedruckt wurden sie auf einer hölzernen Druckerpresse von Hand.

Die **Einkommenden Zeitungen** darf man sich auch nicht wie eine heute aktuelle Tageszeitung vorstellen. Der Titel ist vielmehr wörtlich zu nehmen. Einkommende Zeitungen, also die einkommenden Nachrichten, wurden unsortiert abgedruckt. Die Berichte wurden nicht journalistisch aufbereitet, die Einordnung des Nachrichtenwustes überließ man dem Leser. Eingeschickt wurden diese Nachrichten von Korrespondenten, die über ganz Europa, von Paris bis Riga und von Lissabon bis Stockholm, verstreut waren.

In Deutschland werden täglich 22 Millionen Zeitungen gedruckt.

Wer im 17. Jahrhundert Zeitung las, gehörte noch einem exklusiven Kreis an. Die Blätter kamen über eine Auflage von 300 Exemplaren selten hinaus und waren entsprechend teuer. Die Zeitungen kosteten etwa sechs Pfennige, das war etwa 20 Prozent des Tagesverdienstes eines Handwerkers. Auch war die Zahl derer, die lesen konnten, in Zeiten lange vor Einführung der allgemeinen Schulpflicht naturgemäß gering. Viel mehr als 20 Prozent der Erwachsenen dürften nicht lesefähig gewesen sein.

Dass Timotheus Ritzsch seine **Einkommenden Zeitungen** gerade in Leipzig herausgeben konnte, war kein Zufall. Die sächsische Handelsmetropole entwickelte sich um die Mitte des 17. Jahrhunderts zu einem Zentrum des Buch- und Verlagswesens – was es mit einigen Abstrichen bis heute geblieben ist.

Mit der Entstehung der Tageszeitung war allerdings auch der harte Kampf um den lokalen Zeitungsmarkt geboren. Nur wenige der damaligen Publikationen konnten sich dauerhaft halten. Auch die **Einkommenden Zeitungen** wurden bereits 1652 mit einem Konkurrenzblatt zusammengelegt, das bis 1659 erschien. Ab 1671 war die Zeit des privaten Zeitungswesens dann sogar für lange Zeit gänzlich beendet. Das kursächsische Postamt hatte fortan das Monopol auf die in **Leipziger Post- und Ordinarzeitung** umbenannte Tagesgazette.

Der absolutistische Staat machte sich so die „Macht der Presse" zu eigen und ließ den Verlegern vor allem wenig wirtschaftlichen Spielraum. Es sind die staats- oder stadteigenen Intelligenzblätter (lat: intellegere – einsehen), die das Anzeigenmonopol halten. Erst danach dürfen die Annoncen auch in einer Zeitung abgedruckt werden. Allerdings tragen die Intelligenzblätter dazu bei, das Angebot an gedruckter Information insgesamt zu verbreitern. Anfang des 20. Jahrhunderts gibt es in Deutschland rund 3.000 Zeitungen, allein in Berlin erscheinen mehr als 140 Tageszeitungen.

Deutschland ist ein Zeitungsland

Täglich erscheinen 347 Tageszeitungen mit 1.552 lokalen Ausgaben in einer Gesamtauflage von 22,1 Millionen Exemplaren. Daneben kommen 27 Wochenzeitungen mit 1,9 Millionen Exemplaren und sieben Sonntagszeitungen mit einer Auflage von 4,2 Millionen heraus. Das bedeutet: Auf je 1.000 Einwohner über 14 Jahre kommen in Deutschland 317 Zeitungsexemplare. Durchschnittlich 36 Minuten wenden die Bundesbürger täglich für ihre Zeitungslektüre auf. Mehr als drei Viertel der deutschen Bevölkerung über 14 Jahre (75,7 Prozent) lesen regelmäßig eine Tageszeitung. Das sind gut 49 Millionen Männer und Frauen. Die lokalen Nachrichten interessieren die Leser in ihrer Zeitung ganz besonders, 83 Prozent lesen sie.

Nach Altersgruppen betrachet, erreichen die Tageszeitungen ihre höchste Reichweite traditionell bei den 40- bis 69-jährigen Lesern, nämlich zwischen 76 und 84 Prozent. Zwar wird von den jüngeren Altersgruppen im Vergleich weniger und weniger regelmäßig Zeitung gelesen, doch liegen auch hier die Reichweiten auf einem hohen Niveau: Von den 20- bis 29-Jährigen werden 58 Prozent durch die Zeitung erreicht, bei den 14- bis 19-Jährigen sind es immerhin gut 47 Prozent.

MUSEEN

Internationales Zeitungsmuseum Aachen

Pontstraße 13 | 52062 Aachen

TELEFON (0241) 4 32-45 08

www.zeitungsmuseum-aachen.de

Deutsches Zeitungsmuseum in Wadgassen (Saarland)

Im Hof 1-5 | 66787 Wadgassen

TELEFON (06834) 94 23-0

www.deutsches-zeitungsmuseum.de

Deutsches Zeitungsmuseum im Gutenberg-Museum Mainz

Liebfrauenplatz 5 | 55116 Mainz

TELEFON (06131) 12 26 44

www.gutenberg-museum.de

Das europäische Porzellan

DAS GEHEIMNIS DES „WEISSEN GOLDES"

1708

Da weiteten sich seine Pupillen vor Gier. Als er von dem Goldjungen hörte, gab der stets von Geldmangel geplagte August der Starke die Order, den „Kerl" sofort zu arretieren. Der „Kerl", das war der damals 19-jährige Apothekergehilfe Johann Friedrich Böttger (1682-1719), der in Berlin alchemistische Versuche betrieben und dort eine angeblich „geglückte Probe" seiner Goldmacherkunst vorgelegt hatte. 1701 floh er nach Sachsen, um dem preußischen König zu entgehen. Nun fiel er hier den Häschern in die Hände. Er wurde nach Dresden gebracht, wo er eingesperrt wurde und unter strenger Aufsicht Gold herstellen sollte, was ihm natürlich nicht gelingen konnte.

1704 wurde deshalb der Naturforscher und Physiker Ehrenfried Walther von Tschirnhaus (1651-1708) beauftragt, den „Goldmacher" zu beaufsichtigen. Doch lenkte Tschirnhaus Böttgers Talente in gewinnträchtigere Bahnen. Bereits seit 1693 hatte Tschirnhaus immer wieder Versuche unternommen, Porzellan herzustellen. An dem aus einem Gemisch von Kaolin, Quarz und Feldspat gebrannten Erzeugnis, das seit dem 7. Jahrhundert unter strenger Geheimhaltung in China gefertigt und teuer von dort eingeführt wurde, hatten sich schon viele versucht – mit wenig Erfolg.

Nach vier Jahren mühevoller Experimente und langer Versuchsreihen in dem Gold- und Keramiklabor in den Kasematten der Jungfernbastion (der heutigen Brühlschen Terrasse) fand Böttger die Rezeptur des Hartporzellans. Zunächst eines roten Steinzeugs. Das Laborprotokoll vom 15. Januar 1708 belegt dann endlich: Der Brand eines weißen Porzellans war gelungen.

Was hatte er getan? Er hatte eine Tonerde ohne Eisenanteil mit Quarz und Feldspat (beide in Granit enthalten) fein zermahlen, mit etwas Wasser gemischt, geformt, getrocknet und gebrannt. Auf diese Weise erhielt er die erste Töpferware, die sehr fein und weiß aussah. Damit hatte Böttger gemeinsam mit Tschirnhaus und etwa 30 Mitarbeitern tausend Jahre nach den Chinesen das „europäische" Porzellan erfunden.

Den Durchbruch dieser Erfindung erlebt von Tschirnhaus nicht mehr. Am 11. Oktober 1708 rafft ihn die rote Ruhr dahin. Die Rezeptur für das weiße Porzellan war zwar bereits in einem Versuchsprotokoll vom 15. Januar 1708 beschrieben worden, doch erst am 28. März 1709 konnte Böttger die Erfindung des „weißen Goldes" vermelden und das erste Kännchen aus weißem Porzellan präsentieren. Dies rettete ihn möglicherweise vor dem Galgen, der ihm wegen des erfolglosen alchemistischen Herumexperimentierens bereits angedroht worden war. August der Starke gab die Entdeckung des europäischen Porzellans in einem im Jahr 1710 veröffentlichten, in vier Sprachen abgefassten königlichen Dekret bekannt.

Um das Geheimnis des „weißen Goldes" zu schützen, verlegt der Kurfürst die Fertigung 1710 auf die Meißner Albrechtsburg. Drei Jahre später geht dort das weiße Porzellan in Serie, es füllt die Staatskasse mit Gold. Johann Friedrich Böttger jedoch war ein vom Tode gezeichneter Mann. Der Umgang mit giftigen Substanzen, die Arbeit an den Brennöfen, und der Drang, die Hitze mit Wein zu lindern hatten seine Gesundheit auf das Schwerste in Mitleidenschaft gezogen. Bereits 1713 leidet Böttger unter Kreislaufschwäche und schwachen Augen. Er stirbt am 13. März 1719 in Dresden, erst 37 Jahre alt.

In Dresden und Meißen erinnert viel an Böttger. In beiden Städten stehen Gedenksteine für den Mann, der „Gold machen sollte und dabei zufällig das Porzellan erfand".

Die Porzellanmanufaktur in Meißen.

Die Zutaten des Porzellans

Kaolin, Quarz und Feldspat sind die wichtigsten Zutaten des Porzellans. Kaolin ermöglicht die Formbarkeit der Masse, Feldspat und Quarz gewährleisten hohe Widerstandsfähigkeit und die Transparenz. Das mit Wasser versetzte Kaolin wird dem gemahlenen Feldspat und Quarz beigemischt. Nachdem das Wasser durch die Filterpresse entzogen worden ist, lagert die Masse rund zwei Jahre, ehe die für die Weiterverarbeitung nötige Reife und Geschmeidigkeit letztendlich erreicht sind.

Nachdem die Masse auf der Schlagmaschine gleichmäßig geknetet und dadurch entlüftet worden ist, wird ein Teil in der Dreherei auf Töpferscheiben für die Herstellung aller runden Serviceteile verwendet. Zur Fertigung von Figuren und asymmetrischen Geschirrteilen wird dagegen eine verflüssigte Porzellanmasse, der sogenannte „Schlicker", im Gießverfahren verarbeitet. Nach dem Trocknen kann das Stück der Form entnommen werden und ein diffiziler Arbeitsvorgang beginnt.

Bei rund 950° C wird das getrocknete weiße Brenngut in einem ersten Brand „verglüht", um es zu härten und zu festigen. Dieser Vorgang dauert 18 bis 20 Stunden. Nun ist der „Scherben" nicht mehr verformbar oder wasserlöslich, aber doch noch porös genug, die Glasur in einem Tauchbad anzusaugen. 36 Stunden dauert der anschließende zweite sogenannte „Scharffeuerbrand", in dem das Porzellan bei mehr als 1400° C sintert und um ein Siebtel seiner ursprünglichen Größe schwindet. Dabei werden die Geschirrteile durch einen 80 Meter langen Tunnelofen (Brennofen) gefahren. Sind Mischung und Technik optimal gelungen, zeigt das Porzellan die gewünschte Reinheit und Transparenz sowie die Glasur ihre Brillanz. Der anschließende Dekorbrand bei etwa 850° C bringt die aufgetragenen Farben zum Leuchten. Hierbei verbinden sich die Farben oder die Silber- und Goldpräparate mit der Glasur.

MANUFAKTUR

Staatliche Porzellan-Manufaktur Meissen

Talstraße 9 | 01662 Meißen

Besucherbüro

TELEFON (03521) 46 82 08; (03521) 46 87 00 | FAX (03521) 46 88 04

E-MAIL besucherbuero@meissen.com

www.meissener-porzellan.de

August der Starke verfiel in andächtiges Schweigen

Auszug aus dem Roman „Der Goldmacher“

... Die Dämmerung war dem ersten Tageslicht gewichen, als die Kutsche zu einem Halt kam. Die Pferde schnaubten von der Anstrengung, niemand schien abzusitzen. Der Leutnant hatte den Kopf ein wenig gehoben und lauschte nach draußen. Die Warterei zerrte jetzt noch mehr an Böttgers Nerven als die Fahrt. Worauf wartete man? ...

„Aussteigen!“, bellte einer der Berittenen. Nach der Dunkelheit in der Kutsche blendete Böttger die Sonne, die gerade über einen felsigen Kamm gestiegen war. Scharf zeichnete sich vor ihm die Silhouette eines abgestorbenen Baumes gegen den Himmel ab. An einem weit ausladenden Ast drehten sich drei Gehängte langsam im leichten Morgenwind.

Der Baum stand allein inmitten eines mit Gras und Felsen bedeckten Plateaus, um das sich die Reiter im Halbkreis aufgestellt hatten. Unwillkürlich suchte Böttgers Blick nach einem Priester. Es gab keinen.

Die Berittenen saßen nicht ab, ritten eng nebeneinander, so dass Böttger eingezwängt zwischen ihren Stiefeln mitgehen musste. Sie führten ihn auf den Baum mit den Gehängten zu, die nach ihrer zerrissenen Kleidung zu urteilen Räuber waren, die man ohne viel Umstände zu machen aufgehängt hatte.

Böttger schauderte. Dann entdeckte er Fürstenberg. Ohne zu ihm herüberzusehen, ritt er an den formierten Reitern vorbei auf das gegenüberliegende Ende des Plateaus zu, wo über einem Felskamm die Sonne aufging.

Als Böttger beim Baum angelangt war, bedeuteten ihm die Reiter, dort stehen zu bleiben und reihten sich bei den anderen Reitern ein. Die Füße der Gehängten baumelten neben Böttgers Kopf und strömten Verwesungsgeruch aus. Er stand jetzt allein unter dem Baum inmitten des Plateaus, um das die Reiter einen Kreis gebildet hatten. Nur dort, wo die Sonne die ersten Strahlen flach über das Plateau warf, klaffte eine Lücke.

Eine Welle der Angst schwappte in ihm hoch. Er spannte die Muskeln und biss sich auf die Zähne, um nicht zu zittern. Nicht beeindrucken lassen, knurrte er sich selber an. Nur nicht beeindrucken lassen.

Erst erschien nur der Kopf eines Reiters über dem Bergrücken, dann die ganze Silhouette, ihm folgte ein zweiter und in größerem Abstand ein Trupp von vierzig oder fünfzig. Sie kamen alle direkt aus der Sonne. Die Gesichtszüge des hoch gewachsenen, führenden Reiters auf einem mächtigen Pferd waren im Gegenlicht nicht zu erkennen.

Der Reiter hob die Hand und der Trupp hinter ihm stoppte, während er selbst zu Fürstenberg weiter ritt.
Als er den Arm gehoben hatte, meinte Böttger es golden aufblitzen zu sehen. Die erhabene, wuchtige Gestalt, die Galauniformen seiner Begleiter. Böttger wusste jetzt, wer der Reiter war: Seine Königliche Majestät, August der Starke. Sein Herz begann wild zu klopfen. Noch bevor der König zum Stand gekommen war, verneigte er sich tief. Der Kreis der Reiter schloss sich um sie.
Fürstenberg gab ihm einen Wink und Böttger betete, dass dies alles ihm nur einen Schreck einjagen sollte. Als er fünf Schritte vom König entfernt war, verneigte Böttger sich nochmals. „Euer untertänigster Diener, der Herr ohne Namen von der Festung Königstein, begrüßt voller Ehrfurcht und inneren Glücks Eure Kurfürstlich-Königliche Majestät." Obwohl er laut gesprochen hatte, schien ihm seine Stimme kümmerlich. Verstohlen schielte er zu Fürstenberg, doch dessen Miene war nichts zu entnehmen. Der König winkte ihn näher heran, bis Böttger das Schnauben des Schimmels im Gesicht spürte. Er blinzelte hoch zur Majestät, dessen Gesichtszüge durch feurige Gloriole, in der das harte Sonnenlicht seine Perücke erstrahlen ließ, kaum erkennbar waren ...
„Sie wissen, wer vor ihnen steht", stellte der König kalt fest. „Man hat mir von Ihren Forderungen berichtet. Sie verlangen eine sehr hohe Summe für die Herstellung der bewussten Substanz. Wie rechtfertigen Sie das? Wir wollen Garantien."
„Königliche Majestät, Ihr untertänigster Diener versichert Ihnen, dass ich Ihrer Durchlauchtigsten, Königlichen Majestät nach einer gewissen Zeit das Hundertfache dieser Summe werde erstatten können - in Gold."
„Wie viel ist das?"
„Zwei Tonnen." Das kam in so selbstbewusster Überzeugung von Böttger, dass August beeindruckt in andächtiges Schweigen verfiel ...

Das Buch. Der opulente Roman dreht sich um das abenteuerliche Leben des besessenen Alchimisten und Chemikers Johann Friedrich Böttger, der fest daran glaubt, Gold herstellen zu können.
Der Autor. Berndt List arbeitet seit 1971 als freier Autor und Regisseur. Allein für die ARD realisierte er über hundert TV-Produktionen in den Sparten Dokumentarspiel und Kinderserie. Berndt List etablierte sich seit Ende der achtziger Jahre auch mit hochklassigen Imagefilmen für Wirtschaftsunternehmen. „Der Goldmacher" war sein erster Roman.

Aufbau Taschenbuchverlag, 2003, 478 Seiten, 8,95 Euro

Die Homöopathie

WER HEILT, HAT RECHT

1796

Christian Friedrich Samuel Hahnemann (1755-1843) rümpfte die Nase. Was dieser William Cullen (1710-1790) da in seiner **Materia Medica** schrieb, mochte er nicht glauben. In dem Buch, das Hahnemann 1790 ins Deutsche übersetzen wollte, berichtet der schottische Pharmakologe, dass mit Chinarinde auf Grund ihrer magenfreundlichen Wirkung Malaria behandelt werden könne. Hahnemann will es wissen. Er nimmt die Droge ein. Die berühmte, alte Inkapflanze, bekannt als Heilmittel gegen Schüttelfrost und Fieberschauer, macht ihn regelrecht krank. Erstaunlicherweise bringt sie die gleichen unangenehmen Symptome des Wechselfiebers hervor, die damals durch die Einnahme von Chinin, das aus Chinarinde gewonnen wird, beseitigt wurden.

Dies ist Hahnemanns Schlüsselerlebnis. Er ist vom Erfolg des „Prinzips der ähnlichen Wirkung" überzeugt. Und doch sollen noch sechs Jahre vergehen, bis diese aufkeimenden Gedanken Gestalt annehmen. Verwandte und Freunde stellen sich für Versuchsreihen zur Verfügung. Sie nehmen die Substanzen ein, die Hahnemann aus dem Pflanzen-, Mineral- und Tierreich gewinnt. Der Grundsatz, Gleiches mit Gleichem zu heilen, ist längst zu seinem Credo geworden. Daraus leitet er 1796 seinen berühmten Lehrsatz ab: „Wähle, um sanft, schnell, gewiss und dauerhaft zu heilen, in jedem Krankheitsfall eine Arznei, welche ein ähnliches Leiden erregen kann als sie heilen soll." Das „Ähnlichkeitsgesetz" war geboren. So werden zum Beispiel Kopfschmerzen mit einer Substanz behandelt, die auch bei einem gesunden Menschen ähnliche Symptome auslöst. Diese Substanz gibt man dem Erkrankten in einer niedrig konzentrierten Verdünnung. Hahnemann fand heraus, dass durch die Verdünnung der Stoffe sich die Wirkung sogar noch verstärkte (Effekt der Potenzierung). 1807 nennt er seine neue Heilmethode zum

ersten Mal „Homöopathie" (griech. homoios = ähnlich; pathos = Krankheit, Leiden). In 50-jähriger Arbeit entwickelt Hahnemann das Vorgehen der genauen Patientenbefragung, untersucht die Wirkung und nötige Verdünnung von Substanzen, die es heute hauptsächlich als Globuli (Streukügelchen) gibt.

Hahnemanns Buch **Organon** (1810) ist das Standardwerk eines jeden Homöopathen. Kritik an seiner Methode gibt es bis heute. Hahnemann hatte darauf schon vor rund 200 Jahren die richtige Antwort: „Wer heilt, hat Recht."

Hahnemann war schon als Jugendlicher beseelt von einem unendlichen Wissensdrang. Stets unzufrieden, stets auf der Suche. Ein Querdenker, würde man heute sagen. Er strebte nach einem universellen Weltverständnis auf allen Gebieten der Naturwissenschaft, Philosophie, Kunst und Sprache. Er war Arzt, Apotheker, Chemiker, Sprachwissenschaftler und Schriftsteller.

Als drittes Kind eines Meißner Porzellanmalers am 10. April 1755 geboren, wächst er in bescheidenen Familienverhältnissen auf. Doch wird er früh an der Fürstenschule St. Afra gefördert. Mit zwölf Jahren ist er in der Lage, seinen Griechischlehrer im Unterricht zu vertreten und er verdient sich mit Nachhilfeunterricht und Übersetzungsarbeiten vor allem dann während seines Studiums seinen Lebensunterhalt. Er beherrscht Griechisch, Latein, Englisch, Französisch, Italienisch, Hebräisch und Arabisch. Sein Medizinstudium absolviert er in Leipzig und Wien und erwirbt in Erlangen 1779 seinen Doktorgrad. Anschließend ist er als praktischer Arzt in Hettstätt und Dessau tätig. 1782 heiratet er die Apothekertochter Johanna Leopoldine Henriette Küchler. Sie wird elf Kinder gebären.

Er zieht nach Dresden, wo er praktiziert, aber zugleich studiert er in Leipzig Chemie. Von 1785 bis 1789 widmet sich Hahnemann fast ausschließlich Übersetzungsarbeiten von Fachbüchern der Medizin und Chemie. Bis 1804 führt ihn sein Weg rastlos quer durch Deutschland, verbunden mit vielen Entbehrungen und Sorgen für ihn und seine Familie. Aber sein unruhiges, unzufriedenes Wesen gestattet ihm nicht, irgendwo längere Zeit sesshaft und anerkannt zu werden.

Von 1811 bis 1821 lebt Hahnemann in Leipzig, wo er nach seiner Habilitation an der Leipziger Universität Vorlesungen über seine neue Heilmethode hält. Da er die Verwendung von nur jeweils einem Arzneimittel empfiehlt, das er zudem noch in kleinen Mengen verabreicht, macht er sich unter den Apothekern viele Feinde. Das ging so weit, dass er die Stadt verlassen muss. Herzog Ferdinand von Anhalt-Köthen gestattet ihm, sich in Köthen niederzulassen und sicherte ihm „auf Lebenszeit" das Recht zu, Arzneimittel selbst herzustellen. Zudem nahm er Hahnemann vor den Anfeindungen der Schulmediziner in Schutz.

In Köthen lebt und arbeitet Hahnemann von 1821 bis 1835 immer zwischen den Fronten von Anerkennung und Ablehnung, Spott und Bewunderung. Doch ist er inzwischen in Fachkreisen bekannt. Anlässlich seines 50-jährigen Doktorjubiläums gründete man den heute noch existierenden „Verein zur Förderung und Ausbildung homöopathischer Heilkunst". Fünf Jahre nach dem Tod seiner Ehefrau „entführt" ihn 1835 die 35-jährige französische Malerin Melanie d'Hervilly (1802-1878) nach Paris und heiratet den inzwischen 80jährigen. Er avanciert zum Modearzt des Pariser Adels. Prominente aus aller Welt konsultieren ihn. Geistig wie körperlich fit, machte er noch mit 87 Jahren Hausbesuche.

Hahnemanns Geburtshaus in Meißen.

Samuel Hahnemann stirbt am 2. Juli 1843 an einer Lungenentzündung. Er wird auf dem berühmten Friedhof Père Lachaise bestattet.

Homöopathischer Grundsatz

Die Substanz, die eine Krankheit verursachen kann, ist zugleich in der Lage, diese oder artverwandte Krankheiten zu heilen oder zumindest positiv zu beeinflussen.
Wenn man zum Beispiel zuviel Kaffee trinkt, kommt es zu Schlaflosigkeit, Gedankenflut und Übererregung. Patienten, die sich in einem solchen Zustand befinden, ohne Kaffee getrunken zu haben, können zum Beispiel mit Coffea (homöopathisch aufbereiteter Kaffee) behandelt werden. Coffea kann in homöopathischen Dosen beruhigen. Der Homöopath ist sozusagen ein Detektiv, der aussucht, welche Substanz in der Lage ist, das Krankheitsmuster seiner Patienten auszulösen bzw. zu lösen. Zu den Ausgangsstoffen für homöopathische Arzneimittel zählen neben pflanzlichen auch tierische Stoffe sowie Mineralien und Metalle, die entsprechend aufbereitet werden müssen, damit sie im Körper ihre heilende Wirkung entfalten können. Sie werden verdünnt und verschüttet = potenziert, dynamisiert. Die Verdünnung erfolgt jeweils im Verhältnis 1:10 (D-Potenz), 1:100 (C-Potenz) oder 1:50.000 (Q- oder LM-Potenz).

Die Gaslaterne

DAS LICHT LEUCHTE IHNEN

1811

Mit Wilhelm August Eberhard Lampadius (1772-1842) ging den Freibergern ein Licht auf. Der Professor an der Bergakademie montierte 1811 als erster auf dem europäischen Kontinent eine Gaslaterne an sein Wohnhaus in der Freiberger Fischergasse und entwickelte das Prinzip der Gasbeleuchtung so weit, dass es erstmals auch für eine Industrieanlage eingesetzt werden konnte.

Dabei ließ sich Lampadius von dem deutschstämmigen englischen Ingenieur Frederick Albert Winsor (1763-1830) inspirieren, dem es bereits 1808 gelungen war, einige Straßenlaternen in London zu beleuchten. 1816 gründete dann Lampadius im damaligen Amalgamierwerk in Halsbrücke bei Freiberg das erste deutsche Gaswerk. Die nachfolgende Entwicklung der Gastechnik wurde durch die Forschung in Freiberg wesentlich beeinflusst. Heute ist die Freiberger TU die einzige deutsche Hochschule, an der man Gastechnik studieren kann.

Es war wie immer in der Geschichte der Technik: Die Gasbeleuchtung entstand nicht als Idee eines einzelnen, genialen Erfinders, sie war Resultat von zahllosen Versuchen, Irrtümern, Änderungen, Misserfolgen und erneuten Versuchen, wurde anfangs verlacht und als „Hirngespinst" abgetan. Bald aber entdeckte man die Vorzüge und vor allem die Möglichkeiten, daraus Kapital zu schlagen – weltweit begann der Siegeszug der Gasbeleuchtung.

Einen „sehr penetranten Geruch" verbreitete der 1799 von Philipp Leblon in Paris mit Holzgas in Gang gesetzte „Leuchtofen, der alle Zimmer im ganzen Hause heizen und beleuchten kann", dennoch war es die Geburtsstunde der Gasanwendung für Leucht- und Heizzwecke. Lampadius setzte dagegen auf eine Steinkohlen-Gas-Basis.

Wenn auch manche Probleme und Hemmnisse, wie die hohe Explosionsgefahr, überwunden werden mussten, fand doch die Gasbeleuchtung in Deutschland weite und schnelle Verbreitung. Die erste deutsche Stadt mit öffentlicher Gasbeleuchtung war 1825 Hannover, 1826 folgte Berlin. Rudolf Sigismund Blochmann (1784-1871), dem Inspektor des Königlich Mathematisch-Physikalischen Salons zu Dresden ist es zu verdanken, dass im April 1828 erstmals 36 Gaslaternen das Schloss, die Hofkirche und den Platz zwischen Zwinger und Kathedrale erhellten. Anlass gab der Geburtstag von König Albert am 23. April 1828. Bereis 1825 hatte er ein Gasportativ – eine tragbare Gaslaterne – vorgeführt. Dies gilt als die Urform des Flaschengases. 1837 wurde Blochmann damit beauftragt, in Leipzig eine Gasanstalt aufzubauen. Mit sichtbarem Erfolg. 1843 konnte Leipzig für sich in Anspruch nehmen, die bestbeleuchtete Stadt Deutschlands zu sein.

Bis 1850 wurden etwa 35 Gasanstalten in Deutschland errichtet, 1860 betrug die Zahl bereits über 200. 1884 zählte man im Land 577 Städte, die ihre Straßen mit Gas beleuchteten. Doch der eigentliche Siegeszug des Leuchtmittels Gas begann mit dem Glühstrumpf. Jetzt war zum ersten Mal nicht mehr eine Flamme die Lichtquelle, sondern ein Glühkörper. Der österreichische Gelehrte Freiherr Carl Auer von Welsbach (1858-1929) hatte ihn 1885 erfunden. Der Auersche „Gasglühstrumpf" eroberte die Welt und hielt seine Vormachtstellung lange bis ins 20. Jahrhundert. Erst in den 1960er Jahren verzichteten die meisten deutschen Städte auf die Gasbeleuchtung. Es brennen aber noch heute in immerhin 40 deutschen Städten jede Nacht etwa 80.000 Gasstraßenleuchten – die meisten in Berlin (44.000), gefolgt von Düsseldorf (18.000). In Dresden sind es etwa 2.000. Die Beleuchtung der Straßen mit Gasflammen ist zwar dreimal so teuer wie die elektrische Beleuchtung, wird jedoch wegen des etwas dunkleren Lichtes als romantisch empfunden.

Wissenschaftlich exakte Aussagen

Wilhelm August Eberhard Lampadius wurde 1794 bereits als 22-Jähriger zum Professor für Metallurgie an die Freiberger Bergakademie berufen, ein Jahr später wurde ihm auch die Professur für Chemie übertragen. Sein Wirken war für die Entwicklung der modernen Chemie und deren Umsetzung in die Praxis von großer Bedeutung, seine Leistungen machten ihn in vielen Bereichen zu einem wissenschaftlich-praktischen Pionier. Er war der erste Wissenschaftler in Deutschland, der den Versuch unternahm, wissenschaftlich exakte Aussagen über die Zusammensetzung chemischer Verbindungen zu machen. Die immense Bedeutung der quantitativen und qualitativen Analysemethoden für die Weiterentwicklung der Chemie erkennend, begründete er den eigenständigen Bereich der analytischen Chemie. Im Jahr 1796 entdeckte er den Schwefelkohlenstoff. Auch befasste er sich unter anderem mit der Meteorologie, mit der Gewinung von Rübenzucker und der Gewinnung künstlicher Düngemittel. Als erster setzte er Teere für die Herstellung von Dachpappe ein. Zudem war Lampadius musisch begabt, er gründete einen „ästhetischen Verein".

Das künstliche Mineralwasser

HEILQUELLEN EXAKT NACHEMPFUNDEN

1820

Die Symptome waren eindeutig. Atemnot, Erbrechen, Krämpfe, die rosige Hautfarbe. Der Dresdner Apotheker Friedrich Adolph Struve (1781-1840) hatte sich beim Experimentieren mit Blausäure vergiftet. Um sich auszukurieren fuhr er ins böhmische Karlsbad. Hier wollte er sich mit einer ordentlichen Trinkkur entgiften. Seit Ende des 16. Jahrhunderts waren solche Trinkkuren populär geworden. Das Trinken von Heilwasser wurde bei den Wohlhabenden so beliebt, dass man im 17. Jahrhundert begann, das Brunnenwasser in Krüge abzufüllen und zu verschicken. Am populärsten war lange Zeit das Wasser aus Niederselters in Hessen. Die Nachfrage nach dem „Selterswasser" war so enorm, dass an manchen Tagen bis zu 18.000 Krüge abgefüllt und versandt wurden, zum Teil auch ins Ausland.

Struve wurde nachdenklich, als er sah, wie begierig die Kurgäste das Wasser literweise tranken. Da kam ihm eine Idee. Kaum wieder in Dresden, ließ er sich Wasser aus den wichtigsten Kurorten kommen und analysierte sie chemisch. Das Ziel seiner neugierigen Forschung: eine wissenschaftliche Nachbildung von natürlichem mineralhaltigem Wasser mit exakter Ermittlung der Quellenbestandteile (unter anderem Magnesium, Natrium, Kalium, Calcium, Zink, Jodid und Fluorid). Sogar der Geruch und Geschmack des jeweiligen Wassers sollte nachgeahmt werden. Er erforschte durch gründliche Analysen die wirksamen Bestandteile der Heilquellen und die Ursachen für ihren typischen Geruch und Geschmack. Aus den Bestandteilen bereitete er auf künstlichem Wege seine Mineralwässer. Und schließlich war er in der Lage, nicht nur das Wasser der böhmischen, sondern auch von weiteren vierzig berühmten Heilquellen anzubieten. Darunter befanden sich die Quellen von Ems, Kissingen, Kreuznach, Pyrmont, Spaa, Bilin und Kislowodsk am Kaukasus. Auch für Kranke, „welche ein Mineralwasser mit Milch oder süßen Molken trinken wollten", waren „stets die nöthigen Vorkehrungen getroffen". Die künstlichen Heilwässer kamen den Originalen erstaunlich nah. Kein Geringerer als der englische Chemiker Michael Faraday (1791-1869), der Begründer der Elektrochemie, attestierte dem Struveschen Karlsbader Brunnenwasser „die vollkommenste Übereinstimmung mit dem Naturprodukt".

Die Salomonis-Apotheke am Dresdner Neumarkt in den 20er Jahren.

1820 eröffnete Struve in der Dresdner Seevorstadt in einem weitläufigen Garten eine „königlich concessionierte Mineralwasseranstalt für künstliche Mineralwässer". Nunmehr konnten „breitere Bevölkerungsschichten" die Segnungen der berühmten böhmischen Heilquellen genießen, ohne aufwendige „Bäderreisen" unternehmen zu müssen. In der Sommersaison wurde die Trinkkuranstalt von fünfhundert bis sechshundert Gästen besucht, die aufgrund der außergewöhnlichen Wasserqualität aus ganz Europa kamen. Unter Struves Einfluss entstanden in 20 Städten, etwa in Leipzig, Bad Lauchstädt, Berlin und Königsberg, aber auch in Brighton, Warschau, Kiew und Moskau Mineralwasseranstalten, die von Schülern des Apothekers geleitet wurden.

Damit stand Struve auf dem Höhepunkt seines Schaffens. Am 9. Mai 1781 war er in Neustadt in Sachsen geboren worden. Nach dem Besuch der Fürstenschule St. Afra in Meißen studierte er in Leipzig und Halle Medizin. Ab 1803 war er als Arzt und Apotheker in Stolpen tätig, ehe er 1805 nach Dresden ging. Er fand Anstellung in der Salomonis-

Apotheke am Neumarkt, in die er schließlich 1809 einheiratete. Struve gab den Arztberuf auf und widmete sich neben seiner Apothekertätigkeit naturwissenschaftlichen und technischen Studien. Er starb am 29. September 1840 in Berlin, wurde aber in Dresden beigesetzt.
Ein literarisches Denkmal für Struve errichtete Theodor Fontane (1819-1898), der als junger Apothekergeselle vom 1. Juli 1842 bis Ende März 1843 in der „Struveschen Apotheke" gesundheitsfördernde Drogen angerührt hatte. Für ihn sei, so schreibt er in **Zwischen Zwanzig und Dreißig**, die Zeit in Dresden und in der Apotheke am Neumarkt „wie der Gewinn eines großen Loses" gewesen, denn „Struve galt für viele als die absolute Nummer eins in Deutschland, ich möchte fast sagen in der Welt, und verdiente diesen Ruf auch".

Tausend Mineralquellen

In Deutschland sind über tausend Mineralquellen bekannt, von denen regelmäßig 500 Mineralwässer und 70 Heilwässer gewonnen werden. Das natürliche Mineralwasser wird in den typischen Mineralwasserflaschen abgefüllt.
Mineralwasser ist Quell- oder Grundwasser, das einer unterirdischen Quelle entstammt. Es muss hygienisch einwandfrei und in der Zusammensetzung unveränderlich sein. Dazu wird jede Quelle vorher amtlich überprüft. Mit Ausnahme von Kohlensäure darf dem Wasser nichts zugesetzt werden. Es enthält von Natur aus Mineralstoffe und muss direkt an der Quelle abgefüllt werden.
Unter künstlichem Mineralwasser, auch Tafelwasser genannt, versteht man hygienisch einwandfreies Trinkwasser, welches mit Kohlendioxid versetzt wurde. Sole, natürliche Quellsalze oder Nachahmungen solcher Salzmischungen dürfen im geringen Maße zugegeben werden. Um Verwechselungen mit Quell- oder Mineralwasser zu vermeiden, dürfen auf dem Etikett weder Analyse-Ergebnisse noch Härtegrade angegeben sein.

MUSEUM

Heimatmuseum Neustadt in Sachsen

Malzgasse 7 | 01844 Neustadt (Geburtsstadt Struves)
TELEFON (03596) 50 55 06
www.neustadt-sachsen.de

Das Dampfschiff

DIE ÄLTESTE RADDAMPFERFLOTTE

1837

Am 30. Juli 1837 säumen Tausende die Elbufer zwischen Dresden und Meißen. Sie erwarten ungläubig das „Wunderschiff", das ohne Hilfe der Bomätscher – wie die Schiffszieher im Sächsischen heißen – ohne Segel und Ruder, stromauf fahren kann. Erfahrene Schiffsleute hatten vorausgesagt, dass dieses „Teufelsschiff nur allzubald krachend explodieren" werde. Das geschah jedoch nicht. Das neu gebaute Dampfschiff „Königin Maria" hatte zur Eröffnungsfahrt am Packhof in Dresden (unterhalb der Augustusbrücke) angelegt und brachte die Ehrengäste nach Meißen und ohne anzulegen zurück. Am 25. August 1837 begann dann der fahrplanmäßige Verkehr auch bis Rathen.

Ein Jahr zuvor hatten die Dresdner Kaufleute Benjamin Schwenke und Friedrich Lange von König Friedrich August II. von Sachsen (reg. 1836-1854) das Privileg für die Gründung einer Dampfschifffahrtsgesellschaft erhalten. Ihnen war nun eine Frist von einem Jahr für die Entwicklung der Schifffahrt auf dem Elbestrom gesetzt. Im Jahr 1837 eröffneten sie die Dampfschiff-Linien auf der Elbe. Johann Andreas Schubert (1808-1870), Professor für Mathematik und Mechanik an der Technischen Bildungsanstalt Dresden, war Konstrukteur und Bauleiter der ersten Dresdner Dampfboote. Die Dampfschifffahrt hatte er auf der Seine in Frankreich kennen gelernt. Im Jahr 1836 wurde er Direktor des neu gegründeten „Dresdner Actien Maschinenbau-Vereins", der die Schiffe baute. Die Schiffskörper wurden auf dem Vogelwiesengelände zusammengesetzt, da eine Schiffswerft fehlte. Endgültig fertiggestellt wurden sie auf dem Fabrikgelände in Übigau. Hier baute Schubert 1836 bis 1839 auch die erste deutsche Lokomotive „Saxonia" (S. 39).

Das erste Elbe-Dampfschiff hatte für die damalige Zeit beeindruckende Maße. Es war 36,10 Meter lang und 3,92 Meter breit und konnte bis 500 Fahrgäste transportieren. Die mittlere Leistung der Maschine betrug 41,6 PS. Die ursprünglich – gegen den Rat von Schubert – eingesetzten schweren Dampfmaschinen bewährten sich nicht, da die Schiffe zu großen Tiefgang hatten und zum anderen auch nicht rückwärts bewegt werden konnten. So wurden in England neue Maschinen bestellt, die schwingende, sogenannte oszillierende, Zylinder besaßen. Sechs Schiffe fahren noch heute mit diesen Maschinen.

Die Haltbarkeit der Schiffe und ihrer Maschinen ist bemerkenswert. Zur Zeit ihrer Herstellung wurde die Lebensdauer einer Schiffsmaschine auf 45 Jahre veranschlagt. Bei den genieteten Dampfkesseln rechnete man mit 18 Jahren, bei den Schiffskörpern mit höchstens 40 Jahren. Dass die Dampfer bis heute in Betrieb sind, zeigt ihre gediegene Konstruktion und die Sorgfalt bei der Instandhaltung auf der Werft Laubegast, aber auch die Liebe der Besatzungen zu ihren Schiffen.

Traditionelle Dampferparade in Dresden.

Die Dampfer transportierten zunächst vor allem Waren, zunehmend aber auch Personen und erwiesen sich damit als allen zeitgenössischen Verkehrsmitteln überlegen, zumal die Eisenbahn als hauptsächliche Konkurrenz zunächst in Schach gehalten werden konnte. Bei Hochwasserkatastrophen ersetzten die Dampfer geborstene Brücken, arbeiteten als Postschiffe und verhalfen dem sächsischen König in den Revolutionswirren von 1849 zur Flucht – die Flexibilität des neuen Verkehrsmittels trug wesentlich zu seinem Aufstieg bei. Doch in den Jahren nach dem Ersten Weltkrieg sank die Bedeutung der Dampfschiffe. Als reine Verkehrsmittel waren sie kaum noch konkurrenzfähig; der Tourismus, das andere Standbein, warf nur noch wenig ab. Als 1919

Dampfschiff „Königin Maria“ (1837).

die Republik ausgerufen wurde und die erboste Menge den Dampfer „Königin Carola" mit Steinen bewarf, werden die nach gekrönten Häuptern benannten Schiffe rasch umgetauft – aus der „König Albert" wird die „Pirna", aus „Kaiser Franz Josef" die „Saxonia". Im Jahr 1911 besaß die Sächsisch-Böhmische Dampfschiffahrtsgesellschaft bereits 33 Dampfschiffe. 1928 erhielten die Dampfer einen weißen Anstrich, die Weiße Flotte war geboren.

15.000 Kilometer in der Saison

Die Sächsische Dampfschiffahrt ist die älteste und größte Raddampferflotte der Welt mit neun historischen Raddampfern, zwei komfortablen Salonschiffen und zwei Motorschiffen. Zur Sanierung der ursprünglichen acht Dampfer investierte die Conti Reederei München Ende 1992 rund 26 Millionen Mark und ließ acht Raddampfer detailgetreu sanieren und historisch rekonstruieren. Im Dezember 1999 vergrößerte sie durch den Rückkauf des Raddampfers „Krippen" für 1,8 Millionen Mark ihre Flotte auf neun historische Raddampfer. Pro Saison legen die Schiffe durchschnittlich rund 15.000 Kilometer zurück. Die durchschnittliche Geschwindigkeit der Raddampfer beträgt elbaufwärts maximal 12 km/h und elbabwärts 24 km/h.

www.saechsische-dampfschiffahrt.de

„Clermont" und „Savannah"

Das erste voll einsatzfähige Dampfschiff ließ der amerikanische Ingenieur Robert Fulton (1765-1815) bauen. Er war weder Erfinder noch Ingenieur und er hatte auch nicht die technischen Kenntnisse seiner Zeitgenossen. Aber er hatte die Fähigkeit, die Ideen und Erfindungen anderer Leute zu funktionierenden Systemen zusammenzufügen. Sein Raddampfer „Clermont" war noch mit Segeln bestückt. Auf einer modifizierten Version der von James Watt entwickelten Dampfmaschine basierend, erreichte das Schiff eine Geschwindigkeit von 4,5 Knoten (8,3 km/h) und wurde als Linienschiff zwischen New York und Albany auf dem Hudson eingesetzt. Für die 240 Kilometer braucht es 32 Stunden. Es absolvierte seine erste Fahrt am 17. August 1807.

Vom 24. Mai 1819 bis zum 20. Juni 1819 überquerte die 35,53 Meter lange und 7,9 Meter breite „Savannah" als erstes Dampfschiff der Welt den Atlantik von Savannah in Georgia in den USA nach Liverpool. Das Schiff war allerdings nur 18 Tage unter Dampf und 8 Tage unter Segel, da es nicht genügend Ladeflächen für Kesselwasser und Brennstoff hatte. Passagiere waren nicht an Bord.

Die Dampflokomotive

INSPIRATION IN ENGLAND GEHOLT

1838

Industriespionage! Da gibt es nichts zu beschönigen. Die erste funktionstüchtige in Deutschland gebaute Dampflok wurde von Johann Andreas Schubert (1808-1870) konstruiert, nachdem er sich in England hatte „inspirieren" lassen.

Dies schmälert nicht das Ansehen und die Leistung dieses genialen Ingenieurs. Als Kind ärmster Eltern am 19. August 1808 in Wernesgrün im Vogtland geboren und von Stiefeltern in Leipzig aufgezogen, zeigte er so ausgeprägtes technisches Talent, dass er bereits mit zwanzig Jahren Mathematiklehrer und vier Jahre später Professor am Polytechnikum in Dresden wurde.

England war zu Beginn des Eisenbahnzeitalters der übrigen Welt in der technischen Entwicklung um Jahrzehnte voraus. Deshalb durfte Schubert 1834 auf Kosten des sächsischen Staates dorthin reisen. Er sah sich eingehend in Fabriken und Werkstätten um. Aus dem Gedächtnis vermochte er aufzuzeichnen, was er gesehen hatte. So konnte er später der industriellen Entwicklung Sachsens auf vielen Gebieten wertvolle Impulse geben. So baute er auch die ersten Dampfschiffe, die auf der Oberelbe verkehrten. (S. 35). Nach seiner Rückkehr aus England betrieb Schubert vehement die Gründung des Actien-Maschinenbau-Vereins in Übigau bei Dresden.

In dem 1837 gegründeten Unternehmen entstand nach Schuberts Plänen die „Saxonia". Er lehnte sich eng an englische Vorbilder an, doch versuchte Schubert vor allem Triebwerk und Laufwerk, Konstruktion und Betriebstauglichkeit der Maschine aufgrund eigener Überlegungen zu verbessern. Die Lokomotive besaß zwei gekuppelte Treibachsen und dahinter unter dem Führerstand eine Laufachse. Der lange, schlanke Schornstein endete oben in einem korbähnlichen Funkenfänger.

Schubert hatte gehofft, dass seine „Saxonia" den Eröffnungszug der privaten Leipzig-Dresdner Eisenbahn am 8. April 1839 von Leipzig nach Dresden ziehen würde. Dies war die erste deutsche Fern-Eisenbahnstrecke. Die 115 Kilometer lange Strecke führt von Leipzig aus über Oschatz und Riesa nach Dresden. Es war auch die erste zweigleisige Bahnstrecke in Deutschland.

Doch wurden zwei englische Loks vorgespannt. Die „Saxonia" fuhr hinterher. Schubert stand in Frack und Zylinder auf der Plattform der Lokomotive, bediente die Handhebel. Stolz wird er gewesen sein. Hatten es sich doch einige Ehrengäste, unter ihnen König Friedrich August II., nicht nehmen lassen, sich von ihm ziehen zu lassen. – Und mutig waren alle Bahnreisenden. Hatten doch einige Ärzte vor einer Gehirnkrankheit gewarnt, die durch die hohe Geschwindigkeit von bis zu 30 Stundenkilometern verursacht werde.

Jubiläumsschrift für die erste deutsche Fern-Eisenbahnstrecke.

Von Stockton nach Darlington

Die erste öffentliche Dampfeisenbahnlinie der Welt war die 39 Kilometer lange Strecke zwischen Stockton und Darlington in England. Sie wurde mit der von George Stephenson (1781-1848) gebauten Dampflokomotive „No. 1" am 27. September 1825 eröffnet. Stephenson baute auch die „Adler", die vom 7. Dezember 1835 an auf der sechs Kilometer langen, ersten Eisenbahnstrecke Deutschlands zwischen Nürnberg und Fürth verkehrte. 1857 wurde die mittlerweile veraltete Lokomotive verkauft und gilt seitdem als verschollen.

1989 nachgebaut

Die Eröffnung der Bahnstrecke verringerte die Fahrzeit zwischen Dresden und Leipzig beträchtlich. Die Postkutschen benötigten 21 Stunden, die Bahn schaffte die Strecke in drei Stunden. Die Engländer, die auch in Deutschland das Eisenbahnmonopol besaßen, versuchten den Einsatz der „Saxonia" zu unterbinden. Für 1843 ist aber eine Laufleistung der Maschine von 8.666 Kilometern nachgewiesen, was zeigt, dass sie doch benutzt wurde. Die Lok hatte einen beweglichen Rost, Speisewasservorwärmung sowie schmiedeeiserne Räder. Zudem besaß sie zwei gekuppelte Treibachsen und dahinter unter dem Führerstand eine

Die „Saxonia" war die erste brauchbare Lokomotive, die in Deutschland gebaut wurde.

Laufachse. Der schlanke Schornstein endete in einem korbähnlichen Funkenfänger. Die Maschine wurde wahrscheinlich 1856 verschrottet.

Zum 150-jährigen Jubiläum der Fernstrecke Dresden-Leipzig wurde 1989 die „Saxonia" nach Orginalplänen nachgebaut. Aus Sicherheitsgründen waren einige Änderungen nötig. So wurden der Kessel und die Zylinder geschweißt.

Die Milchschokolade

VON DER SPEISE DER GÖTTER

1839

Das muss den Schweizer Schokoladenherstellern bitter aufstoßen. Sie preisen ihren Landsmann Daniel Peter (1836-1919) als Erfinder der Milchschokolade. Das Orginalrezept für seine Idee, Schokolade auf Milchbasis herzustellen, habe er 1887 entwickelt, wird voller Stolz vermeldet.

Doch gerade einmal drei Jahre alt war Daniel, als am 23. Mai 1839 in Dresden die Firma Jordan & Timaeus in einem Werbeprospekt anpries, was sie nun herstellte: Milch-Schokolade. Tja, der originellste aller Schweizer Exportartikel stammt aus Dresden.

Noch in der ersten Hälfte des 19. Jahrhunderts kamen bei den allermeisten Sachsen Suppe, dunkles Brot und Kartoffeln auf den Tisch, kaum Fleisch, wenig Obst, viel Kraut. Sie tranken Wasser, Braunbier und Zichorienkaffee. Süßigkeiten gab es so gut wie gar nicht, wenn doch, dann galten Nüsse und Backpflaumen als Leckereien.

In der Residenz- und Beamtenstadt Dresden sah es dagegen schon immer ein wenig anders aus. Bereits unter August dem Starken waren viele Italiener und Franzosen nach Dresden gekommen – nicht nur Architekten und Maler, sondern auch Hofzuckerbäcker, die später als Caféhausbetreiber ihr Auskommen in der Residenzstadt fanden. Das Verlangen nach dem Gaumengenuss war da, die Kenntnis über die Kakaobohne hatten die Spanier aus Amerika bereits einige Jahrhunderte vorher nach Europa mitgebracht. Sie wurde als Getränk genossen oder in Pastillenform – ob ihrer stärkenden, anregenden Wirkung in Apotheken vertrieben.

Mit dem Unternehmer Heinrich Conrad Wilhelm Calberla (1774–1836) kam 1796 ein risikobereiter Mann nach Dresden. Er investierte sein beträchtliches Vermögen in eine Zuckersiederei, brachte damit einen der benötigten Grundstoffe für die Schokolade in die Residenzstadt. Außerdem ließ er ein speziell für die Elbe konstruiertes Dampfschiff fertigen, mit dem er seine Waren transportierte. Mit dem Ausbau des Eisenbahnnetzes in Sachsen war eine weitere Voraussetzung geschaffen, damit Dresden zur süßen Hauptstadt werden konnte.

Die Geschäftspartner Gottfried Heinrich Christoph Jordan (1791-1860) aus Hasserode und August Friedrich Christian Timaeus (1794-1885), der aus der Gegend von Hannover stammte, gründeten 1823 auf der Alaunstraße eine Fabrik, die sie später „Zichorien-, Schokolade- und Zuckerwarenfabrik Jordan & Timaeus" nannten. Zunächst auf die Herstellung von Zichorienkaffee spezialisiert, boten sie 1828 in Katalogen „Dampfschocolade und Cacaoware" an. Durch die Zugabe von Milch wurde die Schokolade feiner, weicher und zarter. Heute wird nur noch sehr selten frische Milch zur Schokoladenherstellung verwendet, da sie einen sehr hohen Wassseranteil (etwa 87 Prozent) hat. Die Restfeuchtigkeit von Milchpulver beträgt dagegen nur noch 4,5 bis 5 Prozent. Als um 1830 der Holländer Coenraad Johannes van Houten (1801-1887) ein Verfahren zur Entölung der Kakaomasse erfand, war dies ein weiterer Schritt, um der Herstellung des Produktes näher zu kommen, das heute so selbstverständlich dazugehört.

Schnell wurden die „Cacaomassen" in Tafeln und Blöcken, in Dessert- oder „Speisechocoladen" und Figuren, die Jordan und Timaeus anboten, zu einem wirtschaftlichen Erfolg. 1854 gründeten sie ein Zweigwerk im böhmischen Bodenbach, bald galt die Schokoladenfabrik als größte in Deutschland. Um 1880 werden in Dresden etwa 550 Tonnen Schokolade pro Jahr hergestellt. Das entspricht 30 Prozent der damaligen deutschen Gesamtproduktion von etwa 1700 Tonnen pro Jahr.
Eine bedeutende Persönlichkeit unter den Schokoladen- und Kakaofabrikanten war Otto Rüger. Er erkannte die Bedeutung der Werbung für die süßen Produkte und entwickelte mit dem Hansi-Jungen, der seine Schokolade anpries, eine sympathische Werbefigur. Zudem erkannte Rüger, dass Qualität ihren Preis hat, der wiederum durch minderwertige Produkte nach unten gedrückt werden konnte. Er gründete 1877 den „Verband deutscher Schokoladefabrikanten" mit, der die Qualität der Zutaten überwachte.
Die aufblühende Schokoladenindustrie verhalf auch anderen Industriezweigen zu wirtschaftlichem Aufschwung: Der süße Genuss, in verschiedene Formen gebracht, musste verpackt und mittels Werbung bekannt gemacht werden. Die Blechwarenfabrik von Anton Friedrich Reiche (1845-1913) produzierte Schokoladenformen aus Weißblech, die den Kupferformen der Konkurrenz überlegen waren. Gegen Ende des 19. Jahrhunderts wurde das zunächst so unerschwinglich teure süße Produkt auch für die ärmeren Bevölkerungsschichten bezahlbar. Heute gelten dagegen Backpflaumen und Nüsse beinahe als exotische Naschereien.

Katja Solbrig

Das Geheimnis einer guten Schokolade

Seit mehr als 3000 Jahren lassen sich die Menschen Schokolade schmecken.

Mayas und Azteken, frühe Indianervölker, haben zum Beispiel gerne Kakao getrunken – obwohl er ziemlich bitter schmeckte.

Die spanischen Eroberer brachten den Kakao im 16. Jahrhundert nach Europa. Erst nach Zugabe von Honig und Rohrzucker begann der Siegeszug der Kakaoerzeugnisse in aller Welt Aus dem aztekischen XOCOATL wurde mit der Zeit Schokolade.

Es ist nicht leicht, Kakao, Zucker und Milch miteinander zu verbinden. Die Kakaomasse enthält nämlich einen Fettanteil von 45 bis 55 Prozent, während die Milch zu 87 bis 89 Prozent aus Wasser besteht. Wasser und Fette sind aber als Verbindung instabil, und Fette können rasch verderben. Ein Teil der Fette im Kakao sowie ein Teil des Wassers in der Milch muss deshalb herausgelöst werden. In Europa geht man fast selbstverständlich von Kuhmilch aus, wenn von „Milch" gesprochen wird. Doch gibt es auch Schafmilchschokolade und im arabischen Raum ist Schokolade aus Kamelmilch im Angebot.

Das Geheimnis einer guten Schokolade beginnt mit der Kunst, verschiedene Kakaosorten zu kombinieren. Die Kakaobohnen aus Südamerika und Afrika werden zuerst geröstet, dann gebrochen und gemahlen, damit sich die Intensität und Feinheit des Aromas entfalten kann. Das Fett der Kakaobohnen (die Kakaobutter) wird durch Pressen herausgelöst und vom Kakaopulver getrennt. Dieses Pulver wird dann durch einen Mahl- und Brechprozess zu einer zähflüssigen Masse verarbeitet. Jetzt kommen Kakaobutter, Zucker und Milch hinzu. Die Mengenverhältnisse variieren je nach Rezept. Darauf wird die Masse zur Verfeinerung verrieben. Dieser Vorgang in sogenannten Conchen dauert mehrere Tage, wobei sich die Schokolade in eine cremige, immer zähere Masse verwandelt. Dieses Verfahren hat 1879 Rodolphe Lindt (1855–1909) entwickelt.

Bevor die Schokolade verarbeitet werden kann, muss sie zuerst auf über 50° C erhitzt und anschließend temperiert werden. Dies ist wichtig, damit die Kakaobutter kristallisieren und eine feine, homogene Masse entstehen kann.

Die Schokolade ist katholisch

Auszug aus einer Sendung des DeutschlandRadio vom 25. Februar 2004

Liquidum non frangit jejunum.

„Flüssiges bricht das Fasten nicht" ist ein Grundsatz der katholischen Fastenlehre. Was aber ist die Schokolade – nur ein Erfrischungsgetränk oder eine nahrhafte Speise? Darüber bricht ein Streit aus.

Der Schauplatz ist Mexiko.

Dort legt sich der Bischof von Chiapas mit den Damen der feinen Gesellschaft an. Diese nämlich lassen es sich nicht nehmen, selbst während der Fastentage ihren mit Gewürzen angereicherten Kakao zu schlemmen. Der Bischof, Bernardo de Salazar, will ihnen diese Frevelei verbieten. Er bezahlt es mit seinem Leben. Die Damen vergiften ihn.

Aber der Streit wird vor allem innerhalb des Klerus ausgetragen. 1545 hat das Konzil von Trient eine verschärfte Einhaltung von Ordens- und Glaubensregeln angemahnt. Von xocoátl, wie die Schokolade ursprünglich bezeichnet wird, ist dabei freilich nirgends die Rede, und so werden in vielen Klöstern des fernen Amerika – bei strenger Einhaltung der Vorschriften – wahre Schokolade-Orgien gefeiert. Aber soll sich dieser Schlemmerwahn am Ende auch im christlichen Europa ausbreiten? Die Situation spitzt sich zu.

Wir schreiben das Jahr 1569. In einem Saal des römischen Vatikan hat Papst Pius V., Ex-Inquisitor und oberster Tugendwächter, seine Kardinäle um sich versammelt. Wortreich erläutert er ihnen seine Pläne zu einem riesigen Kreuzzug gegen die Türken. Da wird er kurz unterbrochen.

Draußen, sagt man ihm, warte schon seit geraumer Zeit der Abgesandte der Bischöfe von Mexiko. Er bitte Seine Heiligkeit um eine persönliche Entscheidung im großen mexikanischen Schokoladestreit. Schokolade? Der Papst hat andere Sorgen. Was soll er mit dieser Bagatelle? Er wisse nicht einmal, wie Schokolade schmecke.

Girolamo hat welche mitgebracht, von der nun in der päpstlichen Küche eine Schale zubereitet wird.

Pius, so darf man annehmen, nimmt sie mit skeptischem Blick entgegen, schnuppert daran und nimmt einen Schluck. Und spuckt ihn angewidert beinahe wieder aus.

Potus íste non frangit jejunum...

... ruft er. „Dieses Zeug bricht kein Fastengebot."

Sieg auf der ganzen Linie.

Die List des Abgesandten der Bischöfe von Mexiko ist geglückt. Er hat einen bitteren Trunk serviert und damit eine zuckersüße Revolution eingeleitet.
Denn nun brechen alle Dämme. Der Siegeszug der Schokolade ist in Europa nicht mehr aufzuhalten. Pius' Entscheidung wird auch von weiteren fünf Päpsten bestätigt. Allerdings geschieht dies längst nicht mehr aus Unkenntnis der Materie, sondern aus macht- und wirtschaftspolitischen Erwägungen.
Dominikaner und Jesuiten liegen miteinander im Streit. Gegenstand sind das Wesen der göttlichen Gnade und die Pfründe der Inquisition. Ihre Auseinandersetzung tragen sie mit propagandistischen Mitteln aus und benutzen dazu auch das Reizthema Schokolade und Fasten. Die Dominikaner behaupten, die Schokolade wecke die sexuelle Lust ...
... woraus klar hervorgehen sollte, dass sie dem eigentlichen Anliegen zuwiderläuft, welches hauptsächlich unternommen wird, um solch lüsternes Verlangen zu mindern.
Die papsttreuen Jesuiten dagegen verfassen Oden, Elegien und endlos lange Hymnen auf die Schokolade. Als besonders raffiniertes Beispiel sei das Traktat des Giovanni Batista Gudenfridi erwähnt. Er antwortet auf die Streitschrift des Dominikanermönchs Francesco Felini ausgerechnet mit einer Geschichte aus dem Leben einer heiligen Dominikanerin.
Eines Tages, so heißt es, habe das Heilige Mädchen, nach vielen Stunden leidenschaftlicher Erhebung ihres Geistes erschöpft, atemlos und körperlich geschwächt, an ihrer Seite einen Engel gewahrt, der ihr eine kleine Tasse Schokolade gereicht habe, dank derer ihre Kräfte zurückgekehrt und ihre Lebensgeister wieder erwacht seien. Nun frage ich Herrn Felini, was er von diesem Engel hält. Glaubt er, dass es ein Engel der Finsternis oder des Lichts war? Schlecht oder gut?
Doch wenn es ein guter Engel war, glaubt er, dass er der Jungfrau Christi Schokolade gebracht hätte, wenn diese Gift für die Keuschheit wäre? Glaubt er, Gott würde, wenn Schokolade den Namen des teuflischen Saftes verdiente, befehlen oder zulassen, dass einer seiner Bräute ein solches Getränk von seinen Engeln gegeben würde?
Klingende Worte für handfeste Interessen. Der Kakaohandel wird in großem Umfang von der Gesellschaft Jesu betrieben und die Jesuiten verdienen nicht schlecht an dem, was in Spanien und ebenso in Italien zum Modegetränk geworden ist. Ein wenig verkürzt könnte man sagen: Die Schokolade ist katholisch.
Nach ihrer Ankunft am französischen Hof anno 1615, markiert durch die Heirat Ludwigs XIII. mit der in Spanien aufgewachsenen Habsburgerin Anna von Österreich, verliert die Schokolade allerdings rasch diesen Beigeschmack von Jesuitentum und Inquisition.
Sie hat nun ihren Platz inmitten des barocken Treibens von Versailles. Und sie genießt Kultstatus.

Peter Kiefer

Das Holzschliffpapier

DAS KIRSCHKERNPROJEKT

1843

Friedrich Gottlob Keller (1816-1895) war 27 Jahre alt, als ihm 1843 die Kirschkernketten seiner Kindheit wieder einfielen. Wie viele Kinder damals, hatte er in der Kirschenzeit oft auf der Schwelle in der Haustür gesessen und solche Ketten gebastelt. Geduldig wurden die Kirschkerne von zwei Seiten angeschliffen, durchbohrt und die aufgeschnittenen ovalen Ringe miteinander zu langen Ketten verhakt. Dem erwachsenen Keller kam jetzt etwas in Erinnerung, was ihm noch nie wichtig erschienen war. Der dicke, weißliche Schleim tauchte vor seinem inneren Auge wieder auf, dieses Gemisch aus Kirschkernstaub, Holzschliff und Wasser, das sich am nächsten Tag zusammengetrocknet als festes und biegsames Blatt von der Türschwelle ablösen ließ. Keller wurde plötzlich bewusst, dass die Kinder damals eigentlich eine Art Papier hergestellt hatten, ein Papier, das nur aus Schliff und Wasser bestand. Er machte sich sofort daran, seine Drehbank umzubauen, indem er dort einen Sandstein montierte. Den Stein ließ er nass gegen ein Stück Holz rotieren. Aus der „Holzschliffbrühe", die dabei entstand, schöpfte er ein Papier. Damit hatte Keller einen neuen Rohstoff für die Papierherstellung gefunden.

Schon ein Jahr später ließ Keller sich sein Holzschliffverfahren patentieren. Die Frage, wie man Papier auf eine Weise herstellen könnte, dass endlich genügend davon zur Verfügung stünde, beschäftigte Mitte des 19. Jahrhunderts viele Techniker und Wissenschaftler. Die damals übliche Methode zur Papierherstellung aus Textillumpen war ein ständiger Engpass. Zeitungen und Bücher konnten nicht herausgegeben werden, weil die Papierindustrie nicht genug Papier liefern konnte. Kellers Verfahren bedeutete nun den lang ersehnten Durchbruch. Am 11. Oktober 1845 wurde die erste Zeitung auf „Keller-Papier" gedruckt – die Nummer 41 des **Intelligenz- und Wochenblattes für Frankenberg mit Sachsenburg und Umgebung.**

Kellers Plan, in Kühnhaide bei Marienberg eine eigene Papiermühle zu betreiben, scheiterte. Es fehlte ihm an kaufmännischem Geschick, auch an Fachkenntnissen. Vor allem hatte er nicht genug Geld für die nötigen Investitionen. Als seine Mühle durch ein

Die Kirschkernkette, die Friedrich Gottlob Keller in seiner Kindheit bastelte.

Hochwassser zerstört wurde, war er ruiniert. Hochverschuldet war er 1851 gezwungen, sein Patent dem Heidenheimer Papierfabrikanten Heinrich Voelter (1817-1887) zu überlassen – für 550 Taler. Der war zu dieser Zeit noch Direktor der Bautzner Papierfabriken. Der entwickelte das Kellersche Holzschliffverfahren weiter, führte es in die Praxis ein und brachte es durch die Entwicklung von Hilfsmaschinen zur großtechnischen Nutzung. Nach der Präsentation einer vollständigen Holzschleiferei auf der Weltausstellung in Paris 1867 gelangte die Holzschlifferzeugung allgemein zur Anwendung. Das Holzschliffverfahren setzte sich industriell durch.

Als Keller 1853 nach Krippen in der Sächsischen Schweiz umzog, war er finanziell am Boden. Das Holzschliffpatent hatte ihm nichts eingebracht. Trotzdem blieb er sein Leben lang ein Erfinder. Während auf der ganzen Welt Maschinen nach dem von ihm erfundenen Prinzip arbeiteten und andere damit viel Geld verdienten, produzierte er selbst ständig neue Ideen, die ihm jedoch alle nichts einbrachten. Die Truhe, in der er all seine Zeichnungen aufbewahrte, füllte er mit immer neuen Entwürfen, zum Beispiel für eine neuartige Ackerwalze, eine Fräsmaschine für Knöpfe, einen Bleistiftspitzer, ein Schiffsschaufelrad und einen künstlichen Blutegel.

Erst als 1892 nach einem Aufruf der Zeitschrift **Gartenlaube** Geld für ihn gesammelt wurde, konnte er seine Schulden bezahlen. Doch bereits drei Jahre später starb er. Der Aufruf hatte aber bewirkt, dass die Verdienste Kellers stärker ins Blickfeld rückten, so dass er noch im Alter geehrt und ausgezeichnet wurde. Seine Geburtsstadt Hainichen ernannte ihn noch zu Lebzeiten zum Ehrenbürger. Der Akademische Papieringenieurverein an der TU Dresden verleiht die Friedrich-Gottlob-Keller-Medaille für hervorragende wissenschaftliche, technische oder industrielle Leistungen auf dem Gebiet der Papiertechnik. In seinem ehemaligen Wohnhaus in Krippen wurde ein Museum eingerichtet.

Papier heute

Das heutige Papier ist meist eine Mischung aus Holzstoff, Zellstoff, Altpapier und Füllstoffen. Holzstoff wird immer noch nach dem Kellerschen Prinzip durch mechanischen Aufschluss des Holzes gewonnen, Zellstoff dagegen durch chemischen Aufschluß. Für die Herstellung von Holzschliffpapier genügen geringe Mengen von Zellstoff als Zugabe. Das mechanische Zerfasern des Holzes garantiert eine nahezu hundertprozentige Rohstoffausbeute, wohingegen bei der Zellstoffgewinnung aus Holz die Ausbeute bei nur etwa 50 Prozent liegt.

In der modernen Papierindustrie kombiniert man verschiedene Technologien, um sowohl die Vorteile der Holzstofferzeugung (geringe Umweltbelastung, hohe Stoffausbeute) als auch die der Zellstofferzeugung (hohe Weiße, große Faserlänge) zu nutzen. Zunehmend wird auch Altpapier bei der Herstellung von Papier verwendet.

Als „holzfrei" wird Papier bezeichnet, das aus Zellstoff hergestellt wurde und in dem höchstens fünf Prozent verholzte Fasern enthalten sein dürfen. Dagegen bestehen holzhaltige Papiere zu 10 bis 75 Prozent aus Holzschliff und sind deshalb etwas gelbich.

Kellers Wohnhaus in Krippen ist zum Museum umgestaltet worden.

MUSEUM

Museum Kellerhaus Krippen

Friedrich-Gottlob-Keller-Straße 76 | 01814 Bad Schandau Ortsteil Krippen

TELEFON (035028) 8 05 16

Öffnungszeiten: Anfang Mai - Ende Oktober Samstag 9.30-11.30 Uhr

Die Haushaltsnähmaschine

MIT FLINKER NADEL

Eine Nähmaschine von Müller aus dem Jahr 1860.

1855

Der amerikanische Erfinder Elias Howe (1819-1867) hatte schon lange und verbissen an der Entwicklung einer Nähmaschine gearbeitet, jedoch ohne Erfolg. Eines Nachts träumte ihm Schreckliches: Er rannte vor einer Horde Kannibalen davon, die ihm so nahe kamen, dass er schon ihre Speerspitzen aufblitzen sah. Jede der Spitzen war durchbohrt. Die Löcher sahen genauso aus wie die Nadelöhre von Nähnadeln. In diesem Augenblick wachte Howe keuchend von seinem Traum auf – und erkannte, was ihm gerade gezeigt worden war: Damit seine Nähmaschine funktionieren konnte, musste er das Nadelöhr von der Mitte der Nadel an die Spitze versetzen. Damit war die Nähmaschine geboren.

Hübsche Geschichte, die man sich da im Land der unbegrenzten Möglichkeiten erzählt. Nur entspricht sie leider nicht ganz den Tatsachen. Das Nähen hatte jahrhundertelang die Erfinder herausgefordert. Die Haushalt-Nähmaschine ist nicht von einem einzigen genialen Mann geschaffen worden; sie ist vielmehr die Krönung von Ideen, Arbeit, Versuchen, Misserfolgen und Teilerfolgen, die während eines Jahrhunderts von vielen Erfindern erbracht wurden. Die Geschichte macht es sich zu einfach, wenn sie einen großen Erfolg nur einem oder zwei Erfindern zuschreibt. Sie vergisst dabei all die Vorarbeiten und Denkanstöße, die einzelne dazu beigetragen haben.

Früher nutzten die Menschen Fischgräten zum Nähen. Später waren die Nadeln aus spitzen Knochen oder Horn mit einem Öhr. Erst im 14. Jahrhundert gelang es, aus Stahldraht eine Nadel herzustellen. Sie war Jahrhunderte lang das wichtigste Werkzeug für die Herstellung von Kleidern.

Die ersten Versuche, die Handnäherei durch eine nähende Maschine abzulösen, gehen bis auf das Jahr 1755 zurück. Der in England lebende Deutsche Charles Frederic Weisenthal versuchte, eine nähende Maschine zu konstruieren. Er erfand dazu eine beidseitig spitze Nadel mit dem Öhr in der Mitte. Die erste arbeitsfähige Maschine baute der Engländer Thomas Saint, Drechsler und Tischler aus London. 1790 wurde die Maschine zum Patent angemeldet. Sie war ganz aus Holz und hatte eine Gabelnadel. Praktische Verwendung hat

diese Maschine nicht gefunden. Um 1800 baute der Deutsche Balthasar Krems (1760-1813) eine für die damaligen Verhältnisse technisch recht vollkommene Kettenstich-Nähmaschine zum Nähen von Zipfelmützen. Diese hatte mit einem kontinuierlichen Stofftransport durch ein Stachelrad, einer kurbelgesteuerten Nadelstange und weiteren sehr interessanten Details schon typische Einrichtungen, die zum Teil heute noch bei Spezialnähmaschinen Verwendung finden. Das Wertvollste an der Maschine war aber die von ihm erdachte Nadel mit Öhr an der Spitze. Erst diese Nadelform ermöglichte die spätere Erfindung der Doppelstich-Nähmaschine.
Der Titel „Erster Nähmaschinenfabrikant der Welt" gebührt aber dem Franzosen Barthélemy Thimonnier (1793-1857). Er entwickelte 1830 eine Kettenstich-Nähmaschine, mit der man bereits 200 brauchbare Kettenstiche in der Minute herstellen konnte. Die aus Holz hergestellte Maschine war mit einer Hakennadel ausgestattet, die mit einem Trittbrett über eine Nadelstange auf- und abwärts bewegt wurde.
Im Jahre 1846 baute dann Elias Howe seine Doppelsteppstich-Nähmaschine und ließ diese auch patentieren. Die von ihm entwickelte Maschine hatte eine gebogene, öhrspitzige Nadel, die an einem schwingenden Arm durch den Stoff geführt wurde und mittels eines Weberschiffchens den doppelten Steppstich erzeugte. Es ist der Verdienst der von Isaac Merrit Singer 1862 gegründeten gleichnamigen Firma, dass die ersten Nähmaschinen nach Howes Idee fabrikmäßig hergestellt wurden. Der tüchtige Firmeninhaber machte somit die Nähmaschine populär und sorgte auch für dementsprechenden Absatz. Allerdings wurde Singer verurteilt, an Howe für 300.000 bereits hergestellter Maschinen und für alle weiteren Nähmaschinen, die in Zukunft produziert würden, eine Lizenzgebühr von fünf Dollar pro Stück zu bezahlen: Die gewonnenen Patentprozesse machten Howe zu einem reichen Mann.
Reich wurde auch Clemens Müller (1828-1902) aus Dresden. Bei einem Besuch in den USA hatte er die Nähmaschine kennen gelernt und fertigte nach diesem Vorbild 1855 die erste deutsche Nähmaschine. Die entwickelte er zunächst zur Kettenstichmaschine mit Handbetrieb, später zur elektrischen Doppelstichmaschine.
Im Jahre 1894 kam „Deutschlands genialster Nähmaschinenfabrikant", wie es in einer Chronik heißt, auf die Idee, einer neu entwickelten Nähmaschine den Namen „VERITAS" zu geben. Eine Legende war geboren. Es gibt in Deutschland nicht viele Markennamen, die auf solch eine Tradition verweisen können. Das lateinische Wort „veritas" bedeutet Wahrheit. Warum Müller diesen Namen wählte, ist nicht überliefert. Aber bekannt ist, dass er den Meißner Wein liebte und vielleicht hat er sich von dem Spruch „In vino veritas" inspirieren lassen.

Die Nähmaschinenfirma „Clemens Müller Dresden" produzierte bis 1952 annähernd zwei Millionen Nähmaschinen. Im Zuge der Verstaatlichung von privaten Betrieben in der DDR und der Kombinatsbildung wurde die Nähmaschinenproduktion nach Wittenberge verlagert.

Ende der 80er Jahre überflügelte die Nähmaschinenproduktion solch renommierte Marken wie Singer oder Pfaff. Die „Veritas" wurde die meistverkaufte Nähmaschine der Welt. Fast acht Millionen Nähmaschinen verließen bis 1991 die Fabrik in Wittenberge. Im Zuge der Wiedervereinigung Deutschlands wurde das Werk liquidiert. Der Markenname „Veritas" aber nicht. Nach Jahren der Irrfahrt erwarb 2003 die A.O. Fischer GmbH die Rechte am Markennamen „Veritas". Das Heilbronner Unternehmen will die Erfolgsgeschichte dieser legendären Nähmaschinen wieder aufnehmen.

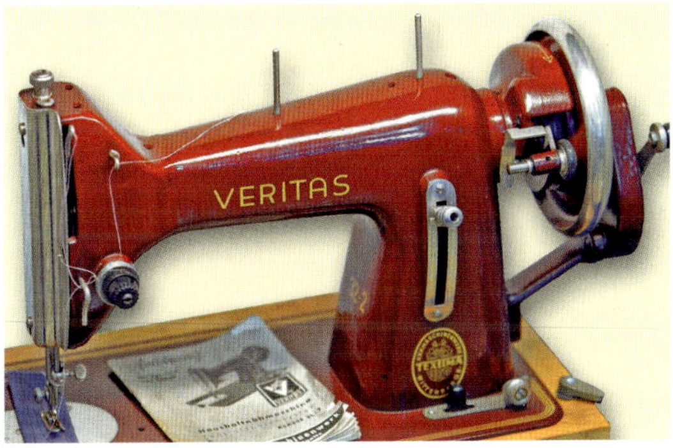

Eine der ersten nach dem Krieg gebauten Maschinen.

„Clemens Müller"

Die Nähmaschinenfabrik „Clemens Müller" gehörte mit bis zu 1.300 Arbeitern zu den größten Dresdner Unternehmen und erwarb sich mit ihren Produkten Weltruf. Neben Nähmaschinen stellte die Firma ab 1909 auch Schreib- und Büromaschinen her. Die sozialen Einrichtungen im Betrieb, zu denen unter anderem eine eigene Krankenkasse und die Clemens-Müller-Stiftung für Bedürftige gehörten, waren ihrer Zeit weit voraus. Ab 1951 firmierte der Betrieb unter dem Namen VEB Mechanik Schreibmaschinenwerke Dresden, später als VEB Reglerwerk. Noch bis 1990 wurden hier verschiedene mechanische und elektrotechnische Geräte und Bauteile hergestellt.

Die Alizarintinte

WASSERFEST UND GIFTFREI

1856

Wer schreibt, hat sich das wohl noch nie so klar gemacht. Was ein Schreiber von der Tinte verlangt, ist geradezu paradox: Anfangs soll die Tinte so flüssig wie möglich sein, gleich danach aber fest und möglichst für immer sichtbar. Dass wir uns darüber keine Gedanken machen, liegt nicht nur daran, dass wir uns heute zunehmend per E-Mail oder SMS, also ohne Tinte verständigen. Viel mehr noch an einer Erfindung, die August Leonhardi 1856 zum Patent anmeldete: die Alizarintinte. Damit begründete er in Loschwitz ein wahres Tintenimperium.

Seit Jahrtausenden schon versuchen die Menschen, sich schreibend vor dem Vergessen zu bewahren, mit Zeichen und Schrift zu kommunizieren. Nach behauenem Stein und geritztem Ton lernte man im Laufe der Zeit, Stoffe aus dünnem, leichtem Material herzustellen und sie mit einem flüssigen Mittel zu beschreiben. Chinesen und Ägypter fügten dazu fein geriebene Rußteilchen zu einem Gemisch aus Knochenleim, Blutserum oder Gummi. Diese frühe Tinte hielt zwar lange Licht und Sonne stand, konnte jedoch leicht abgekratzt werden. Mit Gerbsäure, gewonnen aus Galläpfeln, versuchten Griechen und Römer, eine haltbare Tinte zu entwickeln. In Antike und Mittelalter setzte sich die eisenhaltige Gallustinte als bevorzugter Schreibstoff durch.

Vor allem die Mönche verwendeten Tinte für ihre mit der Hand abgeschriebenen Bibeln und wissenschaftlichen Abhandlungen. Dabei hatte fast jedes Kloster sein eigenes Rezept. Die Tintenherstellung verlangte von den Mönchen auch eine gewisse Grundfertigkeit in der Chemie. Um die Mäuse vom Zernagen der Manuskripte abzuhalten, fügte man der Tinte beispielsweise Wermut bei. Nicht wenige Schriften wurden jedoch nach Jahren zerfressen, weil die Tinte zu viel Säure enthielt.

Auch außerhalb der Klostermauern nahm das Interesse am flüssigen Schreibstoff immer mehr zu. Fliegende Händler boten neben anderer Ware auch Tinte an, die sie in Fässchen oder Holzbehältern transportierten. „Kauft Dinten!" Dieser Ruf schallte bereits im 18. Jahrhundert durch ganz Europa.

Alle Tintenrezepte hatten eine Gemeinsamkeit: Sie waren mangelhaft. Zu viele Klümpchen, leicht abzukratzen oder auszubleichen, also einfach nicht haltbar genug. Haftete die Tinte durch Beimischen von wasserlöslichen Verdickungsmitteln besser auf dem Papier, verdunstete wiederum das Wasser schnell aus dem geöffneten Tintenfass, die Tinte wurde schleimig. Oder es bildeten sich Krusten an der Feder, die Säure machte die Feder brüchig, die Tinten schimmelten schnell.
Kein Wunder, dass man im 19. Jahrhundert, als Handel und Wirtschaft immer mehr Schriftverkehr mit sich brachten, fieberhaft nach besseren Tintenlösungen suchte. Die Experimente von Christian August Leonhardi führten zu einem umwälzenden Durchbruch. Der in Dresden ansässige Fabrikant mengte der zunächst farblosen Gerbsäure einen provisorischen Farbstoff, das Alizarin, Indigo sowie schwefelsaures und holzessigsaures Eisenoxydul bei. So wurde die Tinte auf dem Papier sofort blaugrün sichtbar; wenn das Wasser beim Trocknen der Tinte verdunstete, oxydierte das Eisensalz und die Schrift wurde tiefschwarz. Damit konnte Leonhardi auf Gummizusätze verzichten – die Tinte hinterließ keine Rückstände. Der Gutachter bestätigte die Einmaligkeit des Verfahrens. Leonhardi war damit ein gemachter Mann.
1806 als Sohn eines Lehrers in Grimma geboren, war er bereits vor seiner Tintenerfindung ein erfolgreicher Kaufmann. 1826 gründete er das Glaswerk Schwepnitz. Von 1844 bis 1846 gehörte er zum Aufsichtsrat der „Sächsisch-Böhmischen Dampfschiffahrtsgesellschaft", später wurde er deren „berathender Direktor". Am 4. Januar 1856 wird Leonhardi schließlich das Patent auf die Alizarintinte erteilt. Von da an begann der Siegeszug der Tinten, die Leonhardi in Loschwitz herstellte. Bald hatte er die Spitzenposition in der Branche inne. Behilflich dabei war ein Erlass des Deutschen Reichskanzleramtes von 1888, nach dem Urkunden nur mit der dokumentenechten, amtlich geprüften Tinte ausgefüllt werden durften. Die Alizarintinte war fälschungssicher. Nach August Leonhardis Tod 1865 übernahm seine Witwe, später sein Sohn Eduard (1828-1905) die Geschäfte. Die Einkünfte aus der Tintenfabrikation sicherten diesem ein Leben als freier Künstler. Der bekannte Landschaftsmaler förderte außerdem Nachwuchskünstler. Auch stiftete er für Loschwitz ein Armenhaus und ein Kinderheim.
Um die Nachfragen aus aller Welt zu befriedigen, wurden die Kisten die Grundstraße hinab zur Elbe gebracht und vom Alberthafen aus per Elbkahn nach Hamburg verschifft. Die Firma hatte Vertreter in Tiflis, Kairo, Hongkong, Tokio. Neben der Fabrik in Loschwitz gehörten das Stamm- und Versandhaus in der Dresdner Neustadt zum Unternehmen, außerdem die Glasfabrik in Schwepnitz und ein Tochterwerk im böhmischen Bodenbach. Als der Enkel des Firmengründers, der wie sein Großvater August Leonhardi hieß, 1922

starb, wurde das Unternehmen nach Trachau verlegt. Die qualmenden Schornsteine der Tintenfabrik im schönen Loschwitzgrund störten die Loschwitzer und Dresdner schon lange. Deshalb kaufte die Stadt Dresden das Grundstück, 1936 ließ sie das Fabrikgebäude abreißen. Zu DDR-Zeiten wurde die Firma enteignet und unter dem Namen Barock-Tinte in Trachau weitergeführt. Diese Firma existiert bis heute.
Katja Solbrig

DAS REZEPT

„Aleppische Galläpfel 42 Theile und holländischer Krapp 3 Theile werden mit so viel Waser warm ausgezogen, dass die Flüssigkeit 120 Theile beträgt.
Nach dem Filtrieren setzt man hinzu 1 1/5 Theile Indigolösung, 5 1/5 Theile Eisenvitrol und 2 Theile holzessigsaure Eisenlösung.“
Im Jahr 1888 wurden vom deutschen Reichskanzleramt „Die Grundsätze für amtliche Tintenprüfung“ herausgegeben, die zusammen mit der Ergänzung von 1912 noch heute gültig sind.
In dieser Vorschrift werden die Tinten in zwei Klassen eingeteilt, Klasse I (Urkundentinten) und Klasse II (Eisengallustinten und Farbstofftinten).

Die Bewährung

Bei der Bergung des am 20. Juni 1893 im norwegischen Porsangerfjord gesunkenen Postschiffes Nordland wurde ein Brief mit nahezu unversehrten Schriftzügen gefunden. Das Papier, das sechs Monate im Meerwasser gelegen hatte, war mit der Alizarintinte aus den Leonhardiwerken verfasst worden.

Das Thermosgefäß

OHNE FEUER, OHNE EIS

1881

Hält kalt, hält heiß – ohne Feuer, ohne Eis. Mit dem selbst kreierten Werbespruch bringt der Pankower Glastechniker Reinhold Burger 1903 den zweifachen Nutzen der Thermosflasche auf den Punkt. Seit 1895 hatte er im Auftrag des Eismaschinenherstellers Carl von Linde (1842-1934) experimentiert. Dieser benötigte Isoliergefäße zur Aufbewahrung von minus 165 Grad Celsius kalter, flüssiger Luft. Auf der Suche nach einem Gefäß, dass diese enorme Kälte über Stunden bewahren kann, griff Burger auf eine Entwicklung des Chemnitzer Adolf Ferdinand Weinhold (1841-1917), zurück. Der Experimentalphysiker und Professor an der Königlichen Gewerbeschule in Chemnitz hatte bereits 1881 in seinem Buch **Physikalische Demonstrationen** die Funktionsweise der Thermoskanne beschrieben. Es handelte sich dabei um ein Gefäß, welches aus einem hochevakuierten, mehrwandigen Glaskörper bestand. Das von Weinhold angefertigte doppelwandige Gefäß mit dem luftleer gepumpten Zwischenraum hatte den Vorteil, dass darin aufbewahrte Flüssigkeiten länger ihre Temperatur halten konnten, weil es weniger Wärmeaustausch mit der Umgebung gab. Der Physikprofessor war darauf gestoßen, als er nach einem Gefäß suchte, um darin verflüssigte Gase für Experimente in seinen Unterricht mitzunehmen und sie dort auch kühl zu halten. Weinhold ging es also dabei eher um ein wissenschaftliches Experiment als um die Herstellung der uns heute geläufigen Thermoskanne.

Der Brite James Dewar (1842-1923), der in Lexika häufig als Erfinder des doppelwandigen Gefäßes zu finden ist, war eben doch nur Zweiter. Er fügte der Flasche allerdings eine Innenverspiegelung hinzu, um die Wärmestrahlung zurückzuhalten.

Reinhold Burger (1866-1954) blieb es vorbehalten, das von Ferdinand Weinhold entdeckte Prinzip des Thermosbehälters Jahrzehnte später auch für das Warm- oder Kalthalten von Lebensmitteln zu verwenden. Er erhöhte die Haltbarkeit der von Weinhold entwickelten Gefäße durch Drähte und Asbest zwischen den Glaswänden. Auch verbesserte er die Form und sorgte dafür, dass die Silberschicht zur Reflexion der Wärmestrahlung nicht abblättert.

Zum Schutz des Glasgefäßes versah er die Flasche mit einem leichten Metallgehäuse. Der aufsteckbare Becher, das geringe Gewicht, Bruchsicherheit und die hübsche Form machten die Thermoskanne alltagstauglich. 1903 bekam Reinhold Burger vom Kaiserlichen Patentamt für ein „Gefäß mit doppelten, einen luftleeren Hohlraum einschließenden Wandungen" die Registriernummer 170.057 und ließ sich die Idee unter dem Namen „Thermos" (griechisch: Wärme) schützen.
Bereits drei Jahre später nahm die von Reinhold Burger gegründete Berliner Thermos-Gesellschaft mbH die Serienproduktion auf. Doch in Deutschland wurde die Thermoskanne nicht angenommen. Schließlich veräußerte der Erfinder die Gesellschaft einschließlich des Patentes im Jahre 1909 für 500.000 Reichsmark an die Charlottenburger Thermos-Aktiengesellschaft. Im selben Jahr verkaufte Burger auch die internationalen Rechte an seinen Thermos-Patenten an das amerikanische Unternehmen American Thermos Bottle Company. 1920 beginnt die Serienproduktion der Thermosflasche. Den Amerikanern ist dann das gelungen ist, wovon Erfinder träumen – der weltweite Erfolg. Das Markenzeichen „Thermos" gehört heute allerdings einem japanischen Unternehmen. Deutsche Hersteller müssen mit dem Begriff „Isolierflasche" werben. Dies ändert aber nichts daran, dass der Begriff „Thermoskanne" sich fest im Sprachgebrauch verankert hat.

Adolph Ferdinand Weinhold

Schon sehr früh bemühte Adolph Ferdinand Weinhold sich, den Physikunterricht mit dem schmalen Kapitel der klassischen Elektrizitätslehre in Richtung einer ingenieurmäßigen Elektrotechnik zu erweitern. Als Werner von Siemens 1881 öffentlich eine Ausbildung in der Elektrotechnik an Hochschulen und Universitäten forderte, war man in Chemnitz bestens vorbereitet. 1882 – zeitgleich mit den Technischen Hochschulen in Darmstadt und Stuttgart – bot Weinhold in Chemnitz Elektrotechnik als Wahlfach für Hörer der Gewerbeschule und der Werkmeisterschule an. Die Hörerzahlen wuchsen von Jahr zu Jahr, und nach zehn Jahren gelang es Weinhold, die Elektrotechnik zu einer eigenen Abteilung an der Gewerbeschule zu emanzipieren. Nur wenige Lehranstalten auf der Welt blicken auf eine so lange Tradition in dieser Branche zurück. Weinholds Arbeit ***Leitfaden für den physikalischen Unterricht*** *galt bis etwa zur Mitte des 20. Jahrhunderts als Standardwerk. Von diesem Buch wurden 24 Auflagen gedruckt. Auf seine Initiative hin entstanden 1892 in Chemnitz, Dresden, Leipzig und Plauen die ersten städtischen Elektrizitätswerke auf Drehstrombasis.*

Ein Leben ohne Thermoskanne ist möglich, aber sinnlos

Sie werden mit mir übereinstimmen, wenn ich insistiere, dass es längst überfällig ist, einem Gegenstand – ach was sag' ich – einem Mitbewohner, einem Freund, eigentlich einem Familienmitglied endlich eine Kolumne zu widmen: der Thermoskanne.
Unscheinbar und doch so voller Wärme, manchmal allerdings auch eiskalt, je nach innerer Befindlichkeit, ist sie mit uns durch dick und dünn gegangen. Was haben wir nicht alles mit ihr erlebt, wie sehr ist sie uns ans Herz gewachsen, wohin hat sie uns nicht schon überall begleitet: Auf Nah- und Fernreisen, ins Arbeits- und Wohnzimmer, auf den Balkon, in die Küche, ins Büro, sogar ins Schlafzimmer (bei Krankheit oder auf ein Tässchen „danach"). Teebefüllt, kaffeeschwanger, schorletrunken, eisbewürfelt, je nach Bauart dickbäuchig oder schlank, mit oder ohne Becher, mit Korkverschluss oder plastikdeckelverschraubt steht sie fast immer geduldig in unserer Nähe und wartet darauf, ausgeschenkt zu werden – stets begleitet von zufriedenen Reaktionen, ob der Fähigkeit, Kaltes kalt und Heißes heiß zu bewahren. Ein Wunder – wie Helmut Kohl einst zu bemerken geruhte.
In unserem Haushalt befinden sich derzeit zwei Thermoskannen. Diejenige, die mehr oder weniger täglich zum Einsatz kommt, ist silberfarben und heißt **Darth Vader**, weil sie die äußerst unangenehme Eigenschaft besitzt, ständig asthmatisch zu schnaufen. Zudem hat der helmgleiche Deckel durchaus Ähnlichkeiten mit der Kopfbedeckung des Lakaien der dunklen Seite der Macht.
Die andere, eine dicke, weiße Kanne, hat ein guter Freund nach einem längeren Besuchsaufenthalt einmal bei uns vergessen. Sie kommt dann zum Einsatz, wenn **Darth Vader** nicht ausreicht, oder andere Getränke beherbergt. Immer dann, wenn unser Freund zu Besuch kommt, steht sie selbstverständlich auch auf dem Tisch. Er erkundigt sich dann bei ihr nach ihrem Befinden, allerdings werden schüchterne Anfragen, ob es denn nicht an der Zeit sei, ihm die Kanne wieder zurückzugeben, rigoros abschlägig von uns beschieden. Wer seine Thermoskanne fahrlässig oder gar vorsätzlich vergisst, hat jeglichen Anspruch auf Rückgabe verwirkt. Worüber wir allerdings schon ein paar Jahre nachdenken, ist, der Kanne ein Denkmal zu setzen, indem wir sie auf Reisen mitnehmen, um sie dann vor berühmten Sehenswürdigkeiten abzulichten (zugegeben, das gab's schon mal mit einem gestohlenen Gartenzwerg aus der fabelhaften Amelie-Welt). ...

Axel Scherm, *www.kolumnen.de*

Der deutsche Weinbrand

DAS WASSER DES LEBENS AUS WILTHEN

1885

O Fläscherl, hübsch und fein,
Gefüllt mit Branntewein!
Du bist des Wurstels Freude,
Bist seine Schnabelweide,
Gluck gluck, gluck gluck, gluck
Gluck, gluck - - -
O goldner Branntewein,
Wie süß schlüpfst du hinein.

Diese Zeilen aus einer Hanswurstias lassen erahnen, warum der schwäbische Dichter und Komponist Christian Friedrich Daniel Schubart (1739-1791) wegen seines lockeren Lebenswandels und mangelnden Respekts des Landes verwiesen wurde. Solches Ungemach hatte der Braumeister Karl Albert Hünlich nicht zu fürchten. Er war hoch angesehen. Seine „Wilthener Branntweine" wurden 1900 auf der Weltausstellung in Paris mit einer Gold- und einer Silbermedaille dekoriert.

Sein Vater, Christian Traugott Hünlich, hatte 1842 die Rittergutsbrauerei des Domstiftes Sankt Petri in Wilthen im Oberlausitzer Bergland gepachtet. Er beschränkte sich aber nicht aufs Bierbrauen und die Herstellung von Obstwein, sondern begann schon bald mit der Produktion des „Wilthener Branntweins". Nach seinem Tod übernahm 1875 sein Sohn Karl Albert die Geschäfte. Dieser richtete zehn Jahre später die Weinbrennerei ein, in der nach dem Vorbild von Cognac Weindestillate hergestellt wurden. Karl Albert Hünlich ist damit der Begründer des deutschen Weinbrandes. (Den Begriff „Weinbrand" prägte Hugo Asbach, der seit 1892 seine Spirituose in Rüdesheim am Rhein herstellte. 1907 hatte Asbach seinen „Weinbrand" als Warenzeichen beim Kaiserlichen Patentamt eintragen lassen. Er gab dann aber die Bezeichnung zur allgemeinen Nutzung frei. 1923 fand der neue Begriff Eingang in das Deutsche Weingesetz.)

Das Wilthener Unternehmen wurde nach der Wiedervereinigung Deutschlands 1992 von der niedersächsischen „Gräflich von Hardenberg`schen Kronbrennerei" übernommen. 1998 fand die Umwandlung in die „Hardenberg-Wilthen AG" statt. Sie ist heute der zweitgrößte Spirituosenhersteller Deutschlands.

Die Qualität eines Weinbrands beginnt bei der Auswahl geeigneter Weine. Aus ihnen werden die Destillate gewonnen, die für Aroma und Geschmack des klassischen Weinbrands ausschlaggebend sind. Der aus Trauben gekelterte Most wird zu Wein vergoren. Dieser wird erhitzt, „gebrannt", wie der Fachmann sagt. Die im Gegensatz zu Wasser leichter flüchtigen feinen Weinbukettstoffe und der Alkohol verdampfen und schlagen sich in einem Kühler als Destillat nieder, dem Raubrand. Der Feinschliff erfolgt mit dem zweiten Abbrand. Hier müssen der Vor- und Nachlauf getrennt werden, um als Essenz den Mittellauf zu gewinnen, das sogenannte „Herzstück" der weiteren Verarbeitung. Die als Weingeist bezeichnete klare Flüssigkeit schmeckt noch unharmonisch und ist mit 70 % vol. zu hochprozentig. Der Weingeist wird nun mindestens sechs Monate in Fässern gelagert.

Das typische Fass fasst etwa 350 Liter. Traditionell wird es aus dem Holz der Steineiche gefertigt, die wie bei Cognac aus den Wäldern von Limoges kommt. Das Holz dieser Eichen ist besonders porenreich. Die Destillate können darin „atmen". Durch den Zutritt von Sauerstoff durch die Fassporen entstehen allmählich Bukett- und Aromastoffe, die – im Zusammenwirken mit den aus dem Holz in das Destillat übergehenden Farb- und Aromastoffen – dem Weindestillat seinen typischen Charakter und Farbe verleihen.

Da jedes Holzfass unterschiedlich ist, werden die Destillate während der Reifezeit mehrmals ausgeglichen, indem mehrere kleine Fässer in große Bottiche um- und zusammengeschüttet und anschließend wieder in die kleinen Fässer zurückgepumpt werden. Sobald die Destillate ausgereift sind, werden sie nochmals gemischt, indem Destillate unterschiedlicher Herkunft und Jahrgänge vom Brennmeister zu einer richtigen Mischung zusammengestellt werden. Diesen Vorgang nennt man „Hochzeit", „Vermählung" oder „Mariage". Die Reifung ist abgeschlossen, wenn der Weinbrand nach Jahren beginnt, goldgelb zu funkeln.

Dies alles unterscheidet sich nicht von der Herstellung des Cognacs. Nur darf sich der deutsche Weinbrand nicht mit diesem Namen schmücken. So wurde es im Friedensvertrag von Versailles festgelegt. Dieser Vertrag, der am 28. Juni 1919 unterzeichnet wurde, beendete formell den Ersten Weltkrieg. Hierin wurde die alleinige Kriegsschuld des Deutschen Reichs festsgeschrieben. Deutschland wurde zu Reparationszahlungen an die Siegermächte verpflichtet. Auch wurde im sogenannten „Champagnerparagraphen" untersagt, die Herkunftsbezeichnungen zu verwenden, die die Sieger für ihre Erzeugnisse beanspruchten. Seitdem darf deutscher Weinbrand nicht mehr als Cognac und deutscher Sekt nicht mehr als Champagner verkauft werden, Bezeichnungen, die bis dahin in Deutschland durchaus üblich waren.

Die Gelehrten streiten sich, ob das Verfahren der Traubenwein-Destillation den Chinesen oder den Arabern zugesprochen werden soll. Einiges spricht für China. Dort gab es schon in der Tang-Dynastie (906-618 v. Chr.) Aufzeichnungen über das Brennen des Weines. Im Altertum wurde der gebrannte Wein *aqua vitae* genannt. Das „Wasser des Lebens" barg also die Hoffnung in sich, ein langes Leben zu erhalten. Im Mittelalter galt das Wasser des Lebens als Heilmittel. Ihm wurden unglaubliche Eigenschaften nachgesagt. Da heißt es zum Beispiel in einem medizinischen Werk: „Welcher gepranten wein trinckt alle monat eines, so stirbet der wurm der da wachst dem menschen bey dem herzen oder an der lungen oder lebern." Auch war er gut gegen Pestilenz und andere Schrecken. Französische Mönche pflegten sich gegen Fieber darin zu baden, und noch um 1900 soll in Deutschland der Weinbrand erkälteten Kindern bei zugehaltener Nase als Heilmittel eingeflößt worden sein. Doch da war Weinbrand schon lange, was er heute noch ist – ein Genussmittel, das alle Zeit überdauert.

Weinbrand und Branntwein

Weinbrand ist ein durch Destillation von Wein gewonnenes hochprozentiges alkoholisches Getränk. Der Alkoholgehalt beträgt mindestens 38 Volumenprozent.

Branntwein ist ein alkoholisches Getränk von mindestens 32 Volumen %. Es entsteht durch Vergärung von zuckerhaltigen Lösungen von Getreide oder Fruchtsäften und anschließender Destillation, auch Brennen genannt. Branntwein ist der Oberbegriff für alkoholische Getränke wie Whisky, Weinbrand, Cognac, Wacholder, Gin, Obstwasser, Korn, Rum, Arrak oder Pastis.

Die Kondensmilch

PAUL PFUND WAR EIN PFUNDSKERL

1886

Handbemalte Fliesen zieren die Wände und Decken. Verspielte Engelchen und pummelige Putten, die aus Schalen Milch trinken. Fesche Bäuerinnen, die glückliche Kühe auf sattgrünen Wiesen melken. In Dresden findet sich dieses einmalige Kunstwerk. Es ist der schönste Milchladen der Welt. Diese Auszeichnung verlieh ihm zumindest 1998 das **Guiness-Buch der Rekorde**.

Der 1892 eingerichtete Milchladen war lediglich ein Mosaiksteinchen in einer klug und weitsichtig geplanten Unternehmensstrategie des Paul Gustav Leander Pfund (1849-1923). Pfund hatte eine Ausbildung als Landwirt und Käser begonnen und dabei Erfahrungen in der Milchproduktion gesammelt. Seine Idee war es, die schlechten hygienischen Bedingungen für die Milchlieferung zu verbessern. Die Industrialisierung hatte begonnen. Die Leute zogen aus den Dörfern in die Stadt. Die Milch wurde hinterher geschaukelt und kam verdorben an, da sie ungekühlt lange Strecken transportiert werden musste.

1880 kam Paul Pfund mit seiner Frau Mathilde und sechs Kühen nach Dresden, gründete eine Molkerei. Zudem mietete er ein Ladenlokal, setzte eine Glasscheibe in die Mitte. Hinter der Scheibe waren die Kühe, davor seine Frau und die Theke. Und an der bekamen die Leute frische Milch. Transparente Produktion nennt man das heute.

Pfund war ein Gründer, wie er im Buche steht. Wo immer technische Verbesserungen möglich, neue Maschinen zu entwickeln und Märkte zu erschließen waren – Pfund stand in der vordersten Reihe. Er belieferte Dresden und die Welt mit allem, was aus Milch zu machen ist: Sahne, Butter, Käse, Joghurt, Kefir, Buttermilch. In Berlin, Hamburg eröffnete er Filialen. Er entwickelte Kindernahrung und Milchseife für empfindliche Haut.

Paul Pfund machte sein Unternehmen zu einem unabhängigen, sich selbst versorgenden Mikrokosmos. Fast alles, was man brauchte, wurde selbst entwickelt und hergestellt. Er schaffte es, sich weitgehend unabhängig von anderen Firmen zu machen. Dabei entstanden im Laufe der Zeit unter anderem die Druckerei für Etiketten, eine Schweinezucht, Tischlerei, Zimmerei, eine Klempnerei für Kannen und Krüge; eine moderne Dampfwäscherei und eine Schneiderei für die Kutscheruniformen.

Doch Furore machte Pfund mit der industriell gefertigten Kondensmilch, 1888 ließ er sich als erster Molkereiunternehmer Deutschlands eine Schutzmarke für Kondensmich eintragen. Er hatte ein Verfahren entwickelt, haltbare Milch unter teilweisem Wasserentzug herzustellen. Er war der Erste, der die Erfindung der Kondensmilch umsetzte, mit der Folge, dass bis zum Ersten Weltkrieg Pfunds Molkerei eine Weltmonopolstellung für Kondensmilch hatte.
Bereits 1856 hatte Gail Borden (1801-1871) in den USA erstmals gezuckerte Kondensmilch auf den Markt gebracht. Ihm war damit aber kein Erfolg beschieden, ebenso wenig wie mit der Massenproduktion seines „Fleischbiskuits", entwässertes Fleisch, das mit Mehl gemischt wurde.
Der Hauptbetrieb in der Dresdner Neustadt hatte sich auf 14.000 Quadratmeter erweitert. Mit 150 Litern Frischmilch am Tag hatte es begonnen, in den 30er Jahren flossen schon täglich bis zu 60.000 Liter durch die Pfundschen Molkereien. Das Geschäft überlebte Krieg und Bombenhagel, den Sozialismus hingegen nicht. Unter staatlicher Führung musste man schließlich in den 70er Jahren aufgeben. Nach der Wende nahm sich das Ost-West-Gespann Wilfried Hensel und Frank Zabel des vergessenen Juwels an. 1995 feierte man die Wiedereröffnung des in altem Glanz strahlenden Milchtempels. Nur auf „hausgemachte" Kondensmilch müssen die Gäste verzichten.

Kondensieren

Kondensmilch, auch Dosen- oder Büchsenmilch genannt, wird aus Milch unter teilweisem Wasserentzug hergestellt. Die Milch wird zur Keimabtötung und Albuminabscheidung für 10 bis 25 Minuten auf 85-100°C erhitzt und anschließend bei Unterdruck und 40-80°C eingedickt. Danach hat sie einen Fettgehalt von 7,5-10% und eine fettfreie Trockenmasse von etwa 23%. Nach der Homogenisierung wird sie meist in Dosen abgefüllt und noch einmal sterilisiert, danach ist sie für lange Zeit haltbar. Um das Milchfett gleichmäßig zu verteilen, wird die Milch durch feine Düsen gedrückt, wodurch homogenisierte Milch entsteht. In Dosen abgefüllt, wird sie noch einmal sterilisiert. 1900 wird zudem die Dauerpasteurisierung eingeführt.
Kondensmilch wird in unterschiedlichen Konzentrationen angeboten. Dadurch ergeben sich verschiedene Fettgehaltsstufen der Kondensmilch, die in Prozent auf der Verpackung vermerkt werden müssen. Zu den Fettangaben wird meist der Gehalt an fettfreier Trockenmasse angegeben. Wird das Wasser der Milch durch Kondensieren fast vollständig entzogen, entsteht Milchpulver.

Der Laden der Pfunds Molkerei in der Dresdner Neustadt.

Das Odol

AUS DER SEITENHALSFLASCHE

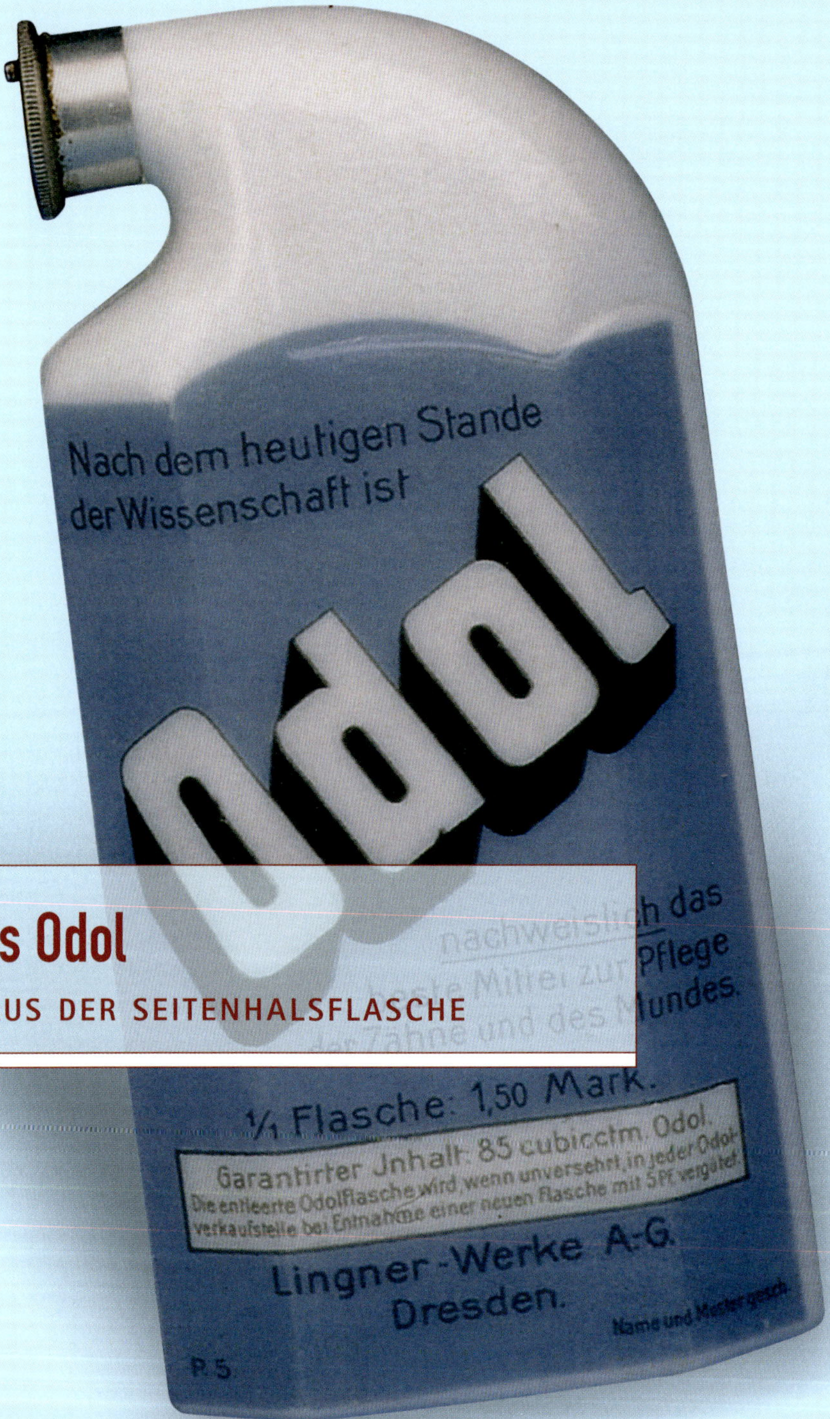

1892

Schmerz, lass nach! Länger als man es für möglich hält, wurden Zahnwürmer für das Entstehen von Karies verantwortlich gemacht. Und nicht nur in der Volksmedizin. So behauptete noch 1830 ein Arzt aus Schlesien im **Berliner Magazin für die gesamte Heilkunde,** dass er zwei Patienten von zwanzig Zahnwürmern befreit habe und zwar, nachdem er die schmerzenden Zähne mit dem Magensaft eines Schweins bestrichen hatte.

Ekel. Noch in der Neuzeit war die Verwendung von Urin zur Mund- und Zahnpflege in der Volksmedizin weit verbreitet. Die Grundlage der Medikamente aus der sogenannten „Dreckapotheke" waren tierische und menschliche Exkremente, die mit verschiedenen Zutaten von Froschfett bis Maulwurfspfoten vermischt wurden. Erst im Jahr 1890 knackte der Deutsch-Amerikaner Willoughby Dayton Miller (1853-1907) das wohl älteste Rätsel der Zahnheilkunde. In seinem Hauptwerk **Die Mikrorganismen der Mundhöhle** stellte er die bahnbrechende und bis heute gültige Theorie auf, wonach Bakterien der Mundflora Kohlehydrate zu Säuren abbauen, die ihrerseits den Zahnschmelz entkalken, anschließend können Bakterien in den Zahn eindringen und das Dentin zerstören. Somit stellte er die zahnmedizinische Forschung auf eine solide biologische Basis. In dieser Zeit entdeckten auch Robert Koch (1843-1910) und Louis Pasteur (1822-1895) die Bakterien als Krankheitserreger und Verursacher der Karies. Der Dresdner Kaufmann Karl August Lingner (1861-1916) verfolgte aufmerksam die wissenschaftlichen Entwicklungen. 1891 bietet ihm der Chemiker Richard Seifert (1861-1919) die Vermarktung eines Antiseptikums an. Seifert arbeitet zu der Zeit als leitender Angestellter in der Heydenschen Chemiefabrik in Dresden, die sich seit 1874 mit der industriellen Herstellung von Salicylsäure beschäftigt. Hier wurden organisch-chemische Heilmittel in technischem Maßstab künstlich hergestellt, die erste in industriellem Umfang betriebene Arzneimittelsynthese der Welt. Für dieses große Werk war das Mundwasser ein banales Nebenprodukt. Es enthält eine Mischung aus Wasser, Alkohol, Pfefferminzölen, Menthol und anderen Aromen, die aus Nelken-, Lavendel-,

Anis- und Krauseminzöl gewonnen wurden. Die Essenz bekämpft Geruchsbakterien bis in den Rachen. Mit einer wissenschaftlich fundierten Rezeptur entsprach dieses Mundwasser den Ansprüchen der im Argen liegenden Zahngesundheit.
Kosmetische Mundwässer, die unschädlich, aber in einem medizinischen Sinne unwirksam waren, gab es bereits, ebenso andere, medizinische, die zwar antiseptisch wirkten, aber Mund und Zähne schädigten. „Durch einen glücklichen Gedanken scheint diese Schwierigkeit überwunden zu sein", schreibt ein Fachblatt. Seifert hatte das neue Antiseptikum so beschrieben: „Salcylogen ist ein Stoff von neutraler Reaktion, welcher durch die Schleimhäute und durch Gärungs- und Fäulniserreger Salicylsäure bildet. Diese wirkt bekanntlich antiseptisch und hemmt Gärungs- und Fäulnisvorgänge. Tröpfelt man Odol in Wasser, so entsteht eine feine Salicylogen-Emulsion, welche wegen ihrer neutralen Reaktion für Mund und Zähne absolut unschädlich ist. Diese

Anzeige aus dem Jahr 1902.

Emulsion wirkt trotz ihrer Milde sicher antiseptisch, da die darin schwimmenden Tröpfchen von Salicylogen in alle Vertiefungen der Schleimhäute und an den Zähnen hängen bleiben und somit noch mehrere Stunden nach Gebrauch nachwirken."
1893 kommt „Odol" auf den Markt. Zu dem großen Erfolg des Mundwassers trug vor allem auch die Namensgebung bei. Mit „Odol" fand Lingner einen einfachen, einprägsamen Namen, der durch seine immer gleiche Gestaltung schnell sehr bekannt wurde.

Plakat um 1920.

Der Name selbst stammt aus dem griechischen Wort für Zahn: „Odous" und aus dem lateinischen Wort für Öl: „Oleum". Unverwechselbar und bis heute unverändert ist auch die Form der Odol-Flasche. Der zur Seite geneigte Flaschenhals ermöglichte erstmals eine tropfenweise Abgabe der Flüssigkeit, da der Tropfverschluss noch nicht erfunden war. Allenfalls Coca-Cola schaffte es, eine ähnlich starke Identität zwischen Verpackungsform und Inhalt herzustellen.

Nicht umsonst erhielt Lingner den Spitznamen „Reklamekönig", da ein wirklich gigantischer Werbefeldzug dafür sorgte, dass „Odol" bald deutschlandweit und darüber hinaus bekannt wurde. Mit großen Werbeplakaten, die sogar von namhaften Künstlern wie Franz von Stuck oder Arnold Böcklin gemalt wurden, und Anzeigen in Zeitungen und nicht zuletzt sogar einem Zeppelin als Werbeträger für sein Mundwasser, machte er auf „Odol" aufmerksam und war bald buchstäblich in aller Munde durch sein Gespür für erfolgreiche Vermarktung. „Weiße Zähne, frischer Atem bringen Freunde" hieß es in der ersten Odol-Anzeige von 1893.
Durch seine hervorragende Werbestrategie wird Lingner bald zum größten Mundwasserfabrikanten der Welt. Ende der dreißiger Jahre wird „Odol" in mehr als zwanzig Ländern hergestellt. Während des Zweiten Weltkrieges werden die Lingner-Werke zerstört, 1949 sichert sich ein Düsseldorfer Betrieb die Markenrechte und seitdem werden das Mundwasser und alle Produkte von „Odol" von dort aus vermarktet.
Doch Karl August Lingner war nicht nur ein genialer Unternehmer. Er besaß zudem die seltene Fähigkeit, kompetente Wissenschaftler und fähige Politiker für den Aufbau gemeinnütziger Einrichtungen und Vorhaben zu begeistern und zur Mitarbeit zu gewinnen.
Er selbst steuerte große Teile seines Privatvermögens bei. Als Mitbegründer der hygienischen Volksbewegung am Anfang des 20. Jahrhunderts fand er Eingang in die allgemeine Medizingeschichte. So unterstützte er 1897 mit einigen Ärzten die Errichtung der „Kinderpoliklinik mit Säuglingsheim in der Johannstadt". Die „Zentralstelle für Zahnhygiene" folgte 1900, die „Öffentliche Zentralstelle für Desinfektion" 1901. Ein weiteres Jahr später ließ er eine Desinfektionsanstalt mit einer Desinfektionsanlage und einer Desinfektorenschule bauen und 1903 eine öffentliche Lesehalle mit Bücherei einrichten. 1909 wirkte er außerdem an der Gründung der „Sächsischen Serumwerke AG" mit.
Mit der „1. Internationalen Hygiene-Ausstellung 1911" in Dresden hat Lingner die bedeutendsten Wissenschaftler der Zeit verpflichtet und ein Ereignis mit der für damalige Zeiten phantastischen Besucherzahl von fünf Millionen Besuchern geschaffen. Es war eine Ausstellung der Superlative. 320.000 Quadratmeter Fläche, fünfzig Hallen, dreißig beteiligte Nationen. Hunderte von industriellen Ausstellern beteiligten sich. Der Ausstellungskatalog hat 500 Textseiten, hinzu kommen noch 400 Seiten Anzeigen.
Dieser Erfolg macht Lingner Mut, zusammen mit namhaften Gelehrten die Errichtung und Konzeption eines Deutschen Hygiene-Museums in Dresden vorzubereiten, das jedoch erst 1930 eröffnet werden konnte. Da war er bereits 14 Jahre tot.

Karl August Lingner

Karl August Lingner hatte einen rasanten sozialen Aufstieg hinter sich. Geboren wird er am 21. Dezember 1861 in Magdeburg. Die Familie lebt in bescheidenen Verhältnissen. Der Vater ist Handelsagent, sein Sohn lernt Kaufmann. Nach einem erfolglosen Versuch, am Pariser Konservatorium Musik zu studieren, schlägt er sich als Vertreter durch, wird offenbar krank und landet 1885 mittellos in Dresden. Zusammen mit Georg Wilhelm Kraft gründet er die Firma Lingner & Kraft, die in einer Gartenlaube technische Neuerungen herstellt. Darunter sind ein Wasch- und Frottierapparat und ein Senftopf mit Pumpvorrichtung. Doch erst nach der Trennung von seinem Partner gelingt Lingner mit Odol der Durchbruch.

Das Privatleben Lingners ist unstet. Mit der Hofschauspielerin Julia Serda hat er eine Tochter, einer Schweizer Gräfin macht er erfolglos den Hof. Offenbar gilt er als nicht standesgemäß, denn der Adelstitel, um den er sich bemüht, wird ihm vom Kaiser Wilhelm II. verweigert. Es findet sich für ihn keine der 62 Rangstufen, die Seine Majestät zu vergeben hat, für ihn. Verdienste um die Volskgesundheit hin oder her.

Lingner, der leidenschaftlich Zigarren raucht, erkrankt an Zungenkrebs. Er stirbt am 9. Juni 1916 an den Folgen einer Operation, bei der die Zunge entfernt wurde. Seinen Wohnsitz, die Villa Stockhausen, genannt Lingnerschloss, vermachte er der Stadt Dresden „zum Besten der Bevölkerung von Dresden und Umgebung".

Die Flasche ist eine Primadonna

Auszug aus dem Buch: Karl August Lingner.
Das große Leben des Odol-Königs.

Odol sei ein Sonntagskind, sagt die Firmenlegende: An einem Sonntag im Winter 1892/93 schreibt Richard Seifert seinem Freund einen Brief, welcher das Rezept des Ur-Odol enthält. Odol ist demnach eine alkoholische Lösung des neuen Antiseptikums Salicylogen, parfümiert mit Pfefferminzöl, beide Zutaten in der Größenordnung weniger Gramm auf hundert ccm Spiritus. ...

Noch ahnt keiner, dass diese Formel zwei phänomenale Folgen zeitigen wird: einerseits die überwältigende Zustimmung der Konsumenten, was dem Fabrikanten bald Millionen in die Kasse spült, andererseits den heftigen Widerspruch von Konkurrenten, Behörden und Fachkreisen, welche zu beweisen suchen, dass das eine oder das andere oder beides zusammen unwahr ist. Bereits im Juni 1892 hatte Lingner mit der Chemischen Fabrik von Heyden einen Vertrag geschlossen, dessen Einzelheiten man geheim hält. Danach wird Lingner zur Herstellung hygienischer und kosmetischer Präparate der flüssige Körper Salicylogen exklusiv auf fünf Jahre geliefert. Im Herbst besorgte er sich schon mal den Spiritus.

Die Flasche hat von Beginn an das Zeug zur Primadonna. Aus heutiger Sicht wissen wir, dass sie es jahrzehntelang bleiben wird und die gesamte Konkurrenz auf Distanz hält. Ihre Bühne ist die Warenwelt des 19. Jahrhunderts, wo sie ziemlich aus dem Rahmen fällt. Wie eine Primadonna tritt sie auf: schneeweiß mit hellblauem Trikot, eine Schönheit. Wie schaltet des Konsumenten Hirn sofort? Rein, gesund und schön ... Doch der Blick fällt fast gleichzeitig auf etwas Anderes: den merkwürdig gebogenen Hals. Den Seitenhals. Wer diese Flasche einmal gesehen hat, wird sie schon daran immer wieder erkennen. In den **Deutschen Standards** figuriert sie als „eine der bedeutendsten Designschöpfungen der Markenartikelindustrie". Seit jeher wird sie von der Fachwelt bewundert. In der verblüffenden Verbindung von Ästhetik und Funktion ist sie der Zeit voraus.

So steht sie denn bald im Blickfeld der alltäglichen Verrichtungen: in Abertausenden von Badezimmern und Boudoirs, auf Waschtischen und Toilettenborden, zwischen allerlei aristokratischen Schnörkelflaschen und billigen Seifenschalen, Botin von etwas, was viele wohl einfach als „modern" empfinden.

Bisweilen nahm man an, Lingner habe Künstlern den Auftrag gegeben, eine möglichst verrückte, auffällige Flasche zu zeichnen, selbst eine absurde, wenn sie nur einprägsam sei. Doch rechnet diese Vorstellung nicht mit Lingners praktischer Ader. Denn der Tüftler will nichts Sinnloses, im Gegenteil: Die charakteristische Biegung des Seitenhalses sorgt dafür, dass man die Flasche bequemerweise nur wenig neigen muss, um von ihrem Inhalt zu bekommen und dass jeweils nur eine begrenzte Menge Mundwasser abgesondert wird. Glaswaren mit ähnlichen Funktionen fanden sich vielleicht im Laboratorium des Dr. Seifert; sie könnten in technischer Hinsicht Vorbild gewesen sein. Nicht auszuschließen ist sogar, dass ursprünglich ein gewisser „Laboratoriums-Touch" beabsichtigt war. Die Reklame nennt das Ganze dann „Original-Spritzflacon". Wir wissen aber über diese Vorgänge nur wenig. Der Arzt Arthur Schlossmann (1867-1932), der den Jungunternehmer Lingner gut kannte, bescheinigt später, Flasche wie Reklame seien „geboren aus intensivster Arbeit und sorgfältigster Erwägung und Überlegung." ...

„Nachbarin! Euer (Odol-)Fläschchen!" Der Odol-Duft! Es soll vorgekommen sein, dass Menschen, denen auf Reisen übel wurde, ihr Odol aus dem Kulurbeutel klaubten und den Duft tief einsogen. Mit einigem Recht, soll doch die Minze leicht betäubend auf die Magenschleimhaut wirken. In der ganzen Odol-Literatur hat freilich die Pfefferminze nie sonderlich ineressiert. Dabei kommt dieser Heilpflanze durch alle Zeiten große Bedeutung zu. Man verwendete sie bei Kopfschmerzen, Anspannung und Schwindel ebenso wie bei Erkältung und Verdauungsstörungen. Heute, da Minzen-Wirkstoffe in vielen Arzneimitteln vorkommen und wissenschaftlich erforscht sind, weiß man: Bei vernünftigem Gebrauch stimuliert dieses Kraut das Nervensystem, fördert die Gehirntätigkeit, regt die Thymusdrüse an und tut damit dem Immunsystem Gutes.

Der Autor. Der Historiker Walter A. Büchi lebt und arbeitet in der Schweiz. Ab 1975 war er im Schweizer Fernsehen als Redakteur, Redaktionsleiter und Autor tätig. Seit 1990 leitet er ein Zentrum für Erwachsenenbildung. Büchi beschäftigt sich seit zwanzig Jahren publizistisch mit Lingner.

Das Buch. Lingner verdient mit Odol Millionen, kauft sich eine Villa am Dresdner Elbufer, ein Schloß in der Schweiz. Lingner, der aus ärmlichen Verhältnissen stammte, schaffte es, zu einer der originellsten und wirtschaftlich erfolgreichsten Persönlichkeiten des Kaiserreichs zu werden. Er war ein großzügiger Gönner, aber auch mißtrauisch und rücksichtslos. Sich diesem zwiespältigen Menschen zu nähern, ist schwierig. Es gibt nur wenige persönliche Briefe. Lingner hatte in seinem Testament verfügt, dass seine privaten Dokumente vernichtet werden sollten.

Walter A. Büchi, Karl August Lingner. edition Sächsische Zeitung, 2006, 320 Seiten, 16,90 Euro

Der Bierdeckel

SAUGFÄHIG UND BEDRUCKT

1893

Der Durst muss unerträglich gewesen sein, der Kellner ebenso. So entwickelten zwei Professoren mit ihren Studenten 2005 eine bahnbrechende Erfindung: Einen Bierdeckel, der von alleine Nachschub bestellt, wenn das Glas leer ist. Die Modernisierer setzen auf einen Glasuntersetzer, der durch Drucksensoren den Füllstand des Glases erkennt. Die Informationen werden an einen Computer hinter den Tresen weitergeleitet.

Was eine Karriere für den Bierdeckel, der ja eigentlich nur zur Biergartenzeit ab und an als Deckel benutzt wird. Die Laufbahn dieses Deckels begann im 19. Jahrhundert. Die Bierseidel der „besseren" Leute hatten Deckel aus Silber oder Zinn, um das im Freien genossene Bier vor herabfallenden Blättern und Insekten zu schützen. Die weniger begüterten Zeitgenossen tranken ihr Bier aus Krügen ohne Deckel. Um ihr Bier dennoch schützen zu können, legten sie die seinerzeit gebräuchlichen Filz-Untersetzer, die zum Aufsaugen des Schaums unter die Krüge gelegt wurden, auf das Glas: damit entstand der Bierdeckel.

Die durchgefeuchteten Bierfilze wurden über Nacht zum Trocknen aufgestellt. Sie waren nach kurzer Zeit alles andere als hygienisch. Da kam die Erfindung von Friedrich Gottlob Keller (1815-1895) gerade recht. Ihm war es 1843 gelungen, Holzschliff als Papierrohstoff industriell zu nutzen. (siehe Seiten 48 ff.) So begann 1880 die „Kartonagenfabrik und Druckerei Friedrich Horn" in Buckau bei Magdeburg damit, Bierglasuntersetzer aus Pappe auszustanzen und zu bedrucken. Der Dresdner Robert Sputh (1843-1913) war es allerdings, der den Vorläufer des heutigen Bierdeckels erfand. Er meldete sein Herstellungsverfahren am 25. Oktober 1892 zum Patent an und bekam für sein „Verfahren der Herstellung von Holzfilzplatten oder Holzfilzdeckeln" das deutsche Reichspatent Nr. 68.499. „Diese Platten werden zu runden oder kantigen Deckeln ausgestanzt oder ausgeschnitten, welche letztere sich wegen ihrer Saugfähigkeit als Bierseideluntersetzer usw. eignen", heißt es darin. Sputh goss einen Papierbrei in einlagige Holzfilzplatten und ließ diese über Nacht trocknen. Diese Untersetzer hatten einen Durchmesser von 107 Millimeter (dieses Maß hat sich übrigens bis zum heutigen Tage als Standardmaß erhalten) und waren fünf Millimeter dick. Schnell setzten sich diese äußerst saugfähigen, hygienischen Pappscheiben gegenüber den alten Filz-Untersetzern durch. 1903 begann Casimir Otto Katz im badischen Murgtal Bierdeckel industriell herzustellen.

Bierdeckel werden heutzutage aus frischem Fichtenholz hergestellt. Dessen lange Fasern sind sehr saugfähig. Aus den Baumstämmen wird ein Brei hergestellt, dem alles Wasser entzogen wird, bis eine saugfähige Pappplatte zurückbleibt, die kaum aufquillt oder sich verzieht. Bis 1920 wurden die Deckel meist nur einfarbig bedruckt, da sie noch von Hand unter die Druckpresse gelegt wurden. Danach tauchen immer häufiger Bierdeckel im Vierfarbdruck auf. Durch moderne Druckverfahren ist die verwendete Farbe weder saugfähig noch alkoholempfindlich.

In Sachsen stellt heute nur noch die Firma „Kurprinz" in Großschirma bei Freiberg Bierglasuntersetzer her. Das Unternehmen hatte 1936 durch den Aufbau einer Langsiebpapiermaschine mit Hängetrockner den Grundstein für den modernsten und größten Bierdeckelhersteller der damaligen Zeit gelegt. Nach der Wiedervereinigung entwickelte sich das Unternehmen wieder zu einem der modernsten Hersteller von Bierglasuntersetzern weltweit. Sechs Millionen Bierdeckel verlassen tagtäglich das Werk.

Die Firma „Kurprinz" hält die Tradition der sächsischen Bierdeckelhersteller hoch.

Sputh-Mühle in Mittelndorf

Es ist heute kaum zu glauben, aber Spuths Fabrik – und damit die Wiege des Bierdeckels – stand im Sebnitztal unweit des Bahnhaltepunktes Mittelndorf in der Sächsischen Schweiz. Die Voraussetzungen für Spuths „Holzschleiferei und Holzfilz-Fabrik" waren überaus günstig. Die Sebnitz führte genügend Wasser heran. Mit dem Wasser wurden zwei Turbinen angetrieben. Die Holzstämme kamen mit der Eisenbahn. Das Werk hatte einen eigenen Gleisanschluss. So war man an die Welt angeschlossen. Dies ist durchaus wörtlich zu verstehen. Bis nach Brasilien wurden die Bierdeckel verschickt. Binnen kürzester Zeit wurde Sputh zum größten Bierdeckelproduzent Europas. In der sogenannten Sputhmühle wurden bis zu 75 Arbeiter aus den umliegenden Dörfern beschäftigt. Ein erfahrener Arbeiter verdiente bis zu 56 Pfennig in der Stunde, ein Jungarbeiter 17 Pfennig.

Nach dem Ersten Weltkrieg und den Zeiten des wirtschaftlichen Niedergangs waren Bierdeckel kaum gefragt. Zudem wuchs jede Menge Konkurrenz heran. Spuths Fabrik musste um ihr Überleben kämpfen. Als dann am 16. März 1937 ein großer Brand die Fabrikanlagen zerstörte, kam das Aus für die Sputhmühle. Nach 1945 wurde der erhaltene rechte Gebäudeteil wieder als Wohnhaus ausgebaut und es zogen Umsiedler ein. 1967 verließen die letzten Bewohner das Gelände. Danach nutzte es der VEB Minol Dresden für sein Kinderferienlager an der nahgelegenen Buttermilchmühle. Die letzten Gebäude wurden 1970 gesprengt.

Wenn man mit dem Zug die Strecke Bad Schandau-Sebnitz fährt, kann man gleich hinter der Eisenbahnbrücke am Haltepunkt Mittelndorf noch den Einlauf mit dem Wehr des Mühlgrabens sehen. Zu erkennen ist auch die Anlage für das Anschlussgleis an die Bahnlinie. Ansonsten künden nur noch ein paar alte Fundamente und Kellerlöcher vom sächsischen Erfindergeist.

Das Blaue Wunder

MEISTERWERK DER INGENIEURKUNST

1893

Kommen Sie nach Dresden, da werden Sie ihr blaues Wunder erleben! Welches Bauwerk hat es schon geschafft, als geflügeltes Wort Eingang in den deutschen Sprachschatz zu finden? Ja, das „Blaue Wunder", das die beiden Stadtteile Blasewitz und Loschwitz über die Elbe miteinander verbindet.
Die Elbbrücke ist ein „Wunder", eine ingenieurtechnische Sensation des 19. Jahrhunderts. Mit 140 Metern Spannweite ist es die erste Eisenbrücke in Europa, die ohne Strompfeiler auskommt. Die 3.500 Tonnen schwere Konstruktion hat eine Gesamtlänge von 270,3 Metern. Bei ihrer Einweihung am 15. Juli 1893 erhielt die Brücke den Namen des regierenden Königs Albert. Aufgrund ihrer Farbe nannte sie der Volksmund jedoch bald „Blaues Wunder". Hartnäckig hält sich die Legende, die Brücke sei ursprünglich Grün angestrichen gewesen; aus den Mischfarben Kobaltblau und Chromgelb. Durch Witterungseinflüsse hätte sich das Metallgelb verflüchtigt. So wären die Leute verwundert gewesen, dass die Brücke sich blau verfärbte – ein blaues Wunder. Doch bereits im April 1893 wird in Zeitungsberichten von dem blauen Anstrich berichtet und auf der Gedächtnismedaille, die ebenfalls 1893 geprägt wurde, ist zu lesen: „König-Albert-Brücke – genannt das Blaue Wunder".
Etwa 20 Jahre lang war über den Brückenbau diskutiert und gestritten worden, bevor endlich begonnen wurde. Bereits 1872 hatte es Verhandlungen zwischen den fünf zwischen Loschwitz und Pillnitz liegenden Gemeinden über den Bau einer Elbbrücke gegeben. 1885 wurde dann der Entwurf von Claus Köpcke (1831-1911) veröffentlicht. Er war 1868 als Professor für Wasser-, Straßen- und Eisenbahnbau an die Technische Hochschule Dresden berufen worden. Es verstrichen aber noch sechs weitere Jahre, bis 1891 unter der Leitung des Ingenieurs Hans Manfred Krüger (1852-1926) mit den Bauarbeiten begonnen wurde. Zunächst mussten auf beiden Seiten der Elbe einige Häuser abgerissen werden, um ausreichend Platz für die Baustelle zu schaffen. Die Stahlteile der Brücke wurden in der Königin-Marien-Hütte in Cainsdorf bei Zwickau vorgefertigt, die bis zu ihrer Insolvenz im Jahre 2005 als Sächsische Anlagen- und Maschinenbau GmbH firmierte.

Hatten die Vorbereitungen endlos lange gedauert, brauchte der Bau nur zwei Jahre. Wie nun aber in einer Zeit, die keine Berechnungsverfahren kennt, testen, ob dieses Wunderwerk auch den Belastungen standhält? Ganz einfach. Am 11. Juli 1893 versammelte sich an den Ufern der Elbe eine große Menschenmenge, um ein Schauspiel der besonderen Art zu beobachten. Sechs Walzen, drei mit Schiffsankern beladene Straßenbahnwagen, drei Wassersprengwagen samt Zugtieren, ein voll besetzter zweispänniger Pferdebahnwagen und mehrere Kutschen wurden auf die Brücke gefahren – insgesamt ein Gewicht von 157 Tonnen. Als Zugabe marschierte eine Kompanie des Dresdner Jägerbataillons über die Brücke. Und dann durfte jeder, der an dieses Wunderwerk glaubte, sich über die Elbe stellen.

Diesmal noch ohne etwas zu bezahlen. Um nämlich die Baukosten von etwa 2,26 Millionen Goldmark wieder einzuspielen, wurde ein Brückenzoll erhoben. Fußgänger, Radfahrer und Straßenbahn-Fahrgäste zahlten zwei Pfennige, für Hühner und Gänse waren ebenfalls zwei Pfennige und für Zugtiere zehn Pfennige zu entrichten. Bis zu 100.000 Mark wurden so im Jahr eingenommen. Als Loschwitz und Blasewitz 1921 nach Dresden eingemeindet wurden, wurde auf den Brückenzoll verzichtet.

Dass heute noch dieses Meisterwerk der Ingenieurskunst bewundert werden kann, kommt einem weiteren Wunder gleich. Wie so viele andere Brücken sollte auch die Loschwitzer Brücke, wie sie offiziell seit 1918 heißt, zum Ende des Zweiten Weltkriegs beim Rückmarsch der deutschen Truppen gesprengt werden. Durch ihr mutiges Eingreifen verhinderten der Klempnermeister Erich Stöckel (1893-1964) und der Telegrafenarbeiter Paul Zickler (1884-1964) die Zerstörung des heute unter Denkmalschutz stehenden Bauwerks. Unabhängig und ohne Wissen voneinander, zerschnitt der eine die Zündschnüre der bereits vorbereiteten Sprengung, während der andere die Leitungen aus der Sammelbatterie zog.

Heute droht der Brücke durch den stetig wachsenden Verkehr neue Gefahr. Im Ergebnis zahlreicher Untersuchungen wurde festgestellt, dass die weitere Nutzungsdauer bis etwa 2030 beschränkt ist. Bedingung dafür ist allerdings ein Fahrverbot für alle Fahrzeuge mit einem zulässigen Gesamtgewicht von mehr als 15 Tonnen, ausgenommen davon sind Busse. Straßenbahnen fahren schon seit 1985 nicht mehr über das Blaue Wunder.

Die Techniker denken an eine „Brücke-in-Brücke-Konstruktion". Damit ist eine Schrägseilbrücke gemeint, die zwischen den alten Haupttragwänden eigenständig den Verkehr auf zwei Fahrspuren übernehmen soll und gleichzeitig die konturgebenden alten Fachwerke stabilisiert. Die historische Konstruktion würde dann nur noch die Fußwege tragen.

Die Belastungsprobe am 11. Juli 1893.

Auf Untergurten aufgelegt

Das Blaue Wunder ist eigentlich eine als Fachwerkträger aufgelöste Auslegerbrücke mit drei Gelenken. Man könnte aber auch sagen, es handelt sich um einen Dreigelenkbogen, der auf dem Kopf steht. Die „Pylonen", an deren Spitze sich jeweils ein Gelenk befindet, sind eigentlich keine, denn sie sind nur ein Teil des Fachwerkverbandes. Anders als bei einer echten Hängebrücke ist die Fahrbahn auch nicht an Ketten oder Tragseilen aufgehängt, sondern liegt auf den Untergurten auf. 1935 wurde die Brücke durch äußere Gehwege verbreitert, zusätzliche Verstrebungen im Fachwerk wurden eingefügt. 1956 wurde das Holzpflaster durch eine Stahlplatte mit Asphaltbelag ersetzt und 1994 das Scheitelgelenk durch zusätzliche horizontale Zugstäbe verstärkt.

Der Reifenrollschuh

AUF DER STRASSE DAHINGLEITEN

1894

Elegant glitt John Joseph Merlin (1735-1803) übers Parkett, teilte in breiten Bahnen die staunende Menge. Der Musikinstrumentbauer und Mechaniker aus dem belgischen Huy lief auf Rollschuhen, spielte dabei Geige. Er war die Attraktion auf dem Maskenball im Londoner „Carlisle-House". 1760. Merlin war kein Unbekannter. Er hatte bereits eine Drehorgel entworfen und ein Spinett mit Pianoforte-Eigenschaften – und eben auch diese Rollschuhe. Eigentlich waren es Schlittschuhe, an denen er zwei Metallrädchen befestigt hatte. Den neuen Sportschuh nannte er passend **Patins à roues alignées**, was frei übersetzt „Rollschuhe mit Rollen in einer Reihe" heißt. Sie waren also ein Frühform der heutigen Skates.

Merlins Demonstration endete aber jäh. Er krachte in einen übermannshohen kostbaren Kristallspiegel. Er hatte schlicht vergessen, seine Zauberschuhe mit einem Stopper zu versehen. Das Londoner Publikum war wenig „amused", seine Rollschuhe landeten aber im Londoner Cox-Museum.

Wer über die Geschichte der Inline-Skates reden will, der kommt an der Erfindung der Schlittschuhe nicht vorbei. Denn die Erfindung der Inline-Skates war der über 200 Jahre dauernde Versuch, Schlittschuhe für den Sommer zu konstruieren. Bereits 1000 v. Chr. wurden die ersten Schlittschuhe aus Pferdeknochen gebaut. Sie wurden mit Riemen an den Füßen befestigt, und der Läufer stieß sich mit einem Stock ab.

Also ein langes Stück Weges, bis Mitte des 18. Jahrhunderts mit Merlin die Geschichte der eigentlichen Inline-Skates beginnt. Doch sollte Merlin nicht der letzte gewesen sein, dem die Idee des gleitenden Rollens keine Ruhe ließ. So entstanden im Laufe der Jahrzehnte bis weit ins 19. Jahrhundert hinein immer wieder neue Rollschuh-Konstruktionen, die dem Prinzip folgten, zwei, drei oder mehr Rollen in einer Reihe anzubringen. Doch keinem dieser Patente war der wirklich große Erfolg beschieden.

1790 baute ein gewisser van Lede in Holland seinen „Erdschlittschuh", mit dem er im Winter auf Eis und im Sommer auf dem Erdboden fahren konnte. 1819 ließ dann der Franzose M. Petitbled einen mit drei Kupferrädern ausgerüsteten Rollschuh patentieren.

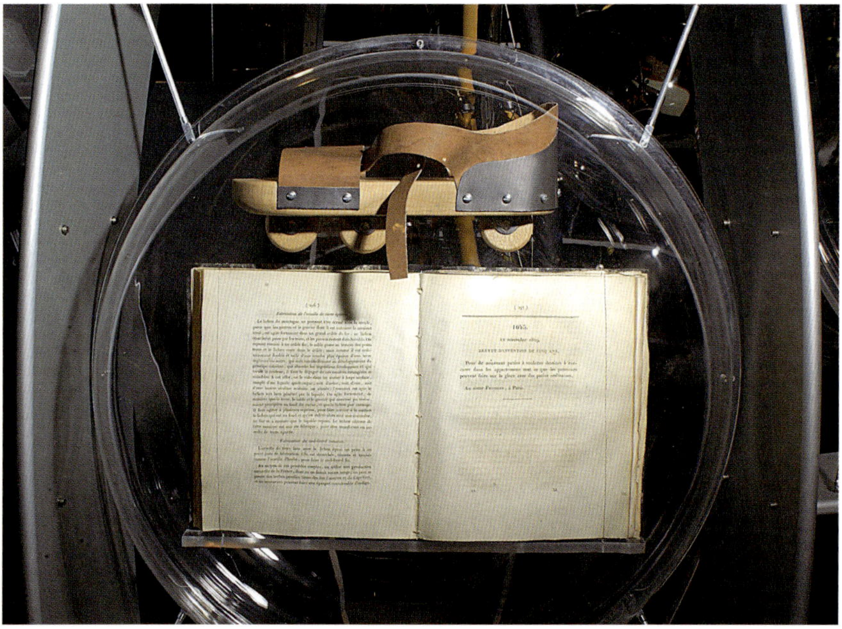

Nachbau für eine Ausstellung des Europäischen Patentamtes.

1823 folgten die „Volitos" von R. Tyler. Dieser „Inline-Skate" besaß fünf kleine Räder. Es wurde also in vielen Ländern gleichzeitig versucht, funktionierende Rollschuhe zu bauen. Alle diese Rollschuhe hatten harte Rollen aus Metall oder etwa Holz, die in einer Reihe angeordnet waren. Die ersten Rollschuhe waren also alle Inline-Skates. Sie waren aber allesamt mangels Lager recht langsam, schwer zu bremsen und sehr wackelig, da sie mit normalen Schuhen gefahren wurden.

Das endgültige Aus für die Inline-Idee schien 1863 gekommen. In jenem Jahr stellte der New Yorker James Leonard Plimpton (1828–1911) seine bahnbrechend neue Erfindung vor: Rollschuhe mit vier Holzrädern, zwei vorn und zwei hinten, jeweils an starren Achsen befestigt und hartgummigelagert. Die Lagerung in einem Gummikissen löste das Problem der Steuerung. Wenn der Fahrer seinen Körper zur Seite neigt, wird das Gummilager zusammengepresst. Diese Kompression erlaubt eine leichte Drehung der Achse und damit der Räder in die Richtung der Körpergewichtsverlagerung. Diese Konstruktion muss als Basis der modernen Roller-Skates angesehen werden.

Im Jahr 1894 erfindet die Dresdner Gummiwarenfabrik „Baeumcher & Co." jedoch einen Reifen-Rollschuh mit zwei hintereinander liegenden Reifen. Damit war ein neues Prinzip geboren. Die patentierte Erfindung ermöglichte es laut eines alten Werbetextes, „durch das Nachahmen der Bewegung des Schlittschuhlaufens mit großer Schnelligkeit auf günstigem Terrain (Chaussee, glattes Pflaster, Asphalt) dahin zu eilen." Unter einer stabilen Stahlsohle wurden zwei hintereinander laufende und mit einem pneumatischen Gummireifen versehene Räder montiert, die sich in Kugellagern bewegten. Um den Fuß am Rollschuh zu befestigen, standen zum einen zwei Filzriemen, die an der Beinschiene befestigt waren, zur Verfügung. Zum anderen wurde die Stiefelsohle durch zwei Stahlbacken am Schlittschuh festgehalten.

Doch konnten auch die Dresdner nicht verhindern, dass die einspurige Variante der Rollschuhe in Vergessenheit geriet, zumindest für lange, lange Zeit. Fast einhundert Jahre mussten vergehen, bis im Jahr 1960 russische Rollschnellläufer die Inline-Idee wieder aufleben ließen. Auch in der DDR wurden Inline-Skates als Eisschnelllauf-Trainingsgerät für den Sommer eingesetzt.

Der Durchbruch des Inline-Sports, wie er heute betrieben wird, muss wohl dem Amerikaner Scott Olson aus Minnetonka im Bundesstaat Minnesota zugeschrieben werden. Der passionierte Eishockeyspieler wollte es nicht länger hinnehmen, in den langen Sommermonaten auf das Gefühl des Gleitens verzichten zu müssen, und tüftelte so lange an einem Sommerschlittschuh, bis er im Jahr 1979 endlich weit genug war, um in die erste Serienproduktion von Inline-Skates einzusteigen. Er gründete seine eigene Firma und nannte sie „Rollerblade", ein Name, der um die Welt gehen sollte.

Skater sind „Fußgänger"

Die glatte Oberfläche der Radwege oder der Asphalt der Fahrbahn sind oft attraktivere Flächen für das Skaten als Fußwege mit rauem, lockerem Belag.

Doch der Bundesgerichtshof hat in einem Urteil bestätigt: Inline-Skates sind als „besondere Fortbewegungsmittel" einzustufen. Und das heißt: Skater sind rechtlich den Fußgängern gleichgestellt und müssen Gehwege benutzen – und das mit der nötigen Rücksicht auf Fußgänger.

„Bahn frei" gilt für Skater deshalb nur auf besonderen Übungsplätzen, in Inline-Skating-Hallen oder Inline-Skating-Parks. Das „Hindernisrennen" auf dem Bürgersteig ist tabu.

Übrigens: Andere „besondere Fortbewegungsmittel" sind zum Beispiel Rollstühle, Kinderwagen und Kinderfahrräder.

Die Standseilbahn

AM SEIL DEN BERG HINAUF

Von Loschwitz zum Weißen Hirsch hinauf – die Bahn um 1900.

1895

Die Grundursache aller Krankheiten, davon war Dr. Heinrich Lahmann fest überzeugt, sei die „diätische Blutentmischung". Eine falsche Ernährung führe zu einer falschen Zusammensetzung des Blutes und damit zu einer falschen Zusammensetzung aller Körpergewebe. In der säurereichen Nahrung und der daraus folgenden Unterversorgung mit Nährsalzen sah er eine Hauptursache für Erkrankungen. Das 1888 eröffnete „Dr. Lahmann's Sanatorium" wurde zum Mekka der gut Betuchten, die vor allem an Zivilisationskrankheiten und chronischen Erkrankungen litten. Der Weiße Hirsch wurde zu einem Kurort mit Weltruf.

Dies mag die schwergängigen Entscheidungsträger bewogen haben, 1893 endlich die Genehmigung für den Bau der Standseilbahn von Loschwitz auf den Weißen Hirsch zu erteilen. Hinzu kam, dass in diesem Jahr das „Blaue Wunder" über die Elbe gebaut wurde (S. 84). So war es möglich, die Straßenbahn zum Körnerplatz am Fuße der Standseilbahn zu führen. Bereits 20 Jahre zuvor hatten Dresdner Bürger 1873 den Bau dieser Bahn gewünscht. Mit dem ersten Spatenstich am 9. November 1894 und der Eröffnung am 26. Oktober 1895 begann dann die eigentliche Geschichte der ersten Standseilbahn in Deutschland. Die Baukosten betrugen über 800.000 Reichsmark. Der Wagenpark bestand aus vier Personen- und zwei Güterwagen. Nicht nur Personen, sondern auch Kohle und Baustoffe gelangten auf den Weißen Hirsch. Sogar Pferde wurden in den offenen Wagen transportiert, denen dann ein gewölbtes Spannverdeck aufgesetzt wurde. Talwärts wiederum wurden nachts Fäkalien befördert.

Die Standseilbahn ist ein schienengebundenes Verkehrsmittel, das durch ein Seil auf den Berg hinaufgezogen wird. Bei gleichzeitiger Verwendung von zwei Fahrzeugen wirken die Züge füreinander jeweils als Gegengewicht und die Antriebsmotoren müssen nur die Differenz der Leistung erbringen. Die beiden Wagen sind durch ein Seil miteinander verbunden, das in der Bergstation angetrieben und umgelenkt wird. Die Strecke ist eingleisig. In ihrer Mitte befindet sich eine Ausweichstelle, an der sich der berg- und der talfahrende Wagen passieren können.

Geschmückt zum 110-jährigen Jubiläum.

Die Fördermaschine ist ein typischer Kettenschlepperantrieb, wie er bei der Elbschifffahrt verwendet wurde. Kein Wunder. Er wurde in der Schiffswerft Dresden-Übigau hergestellt. Damit ersparte man sich viel Geld, denn zum damaligen Zeitpunkt wurden ausschließlich in der Schweiz Förderanlagen für Seilbahnen gebaut.

1909 wurde der Dampfantrieb auf elektrischen Betrieb umgestellt. Von dem Bombenangriff auf Dresden am 13. Februar 1945 war auch die Standseilbahn betroffen. Die Talstation wurde zerstört. Die Wagen hatte man glücklicherweise vorher im Tunnel in Sicherheit gebracht. Doch schon nach wenigen Tagen war die Bahn eines der ersten Nahverkehrsmittel, welches in der stark zerstörten Elbmetropole wieder verkehrte. 83 Jahre verkehrte die Bahn ohne größere Unterbrechungen. 1978 und 1993 waren größere Reparaturen nötig, damit man weiter nach der Fahrt bergan mit einem traumhaften Blick auf die sächsische Landeshauptstadt belohnt wird.

95 Meter Höhenunterschied

Die Standseilbahn mit einer Spurweite von 1000 mm überwindet einen Höhenunterschied von 95 Metern bei einer Maximalneigung von 29%. Die Bahn hat eine Streckenlänge von 547 Metern und fährt mit einer maximalen Geschwindigkeit von 5 m/s, Sie durchquert den Burgbergtunnel (96 m) und den Prinzeß-Louisa-Tunnel (54 m).

Der Büstenhalter

IM KAMPF GEGEN DIE SCHWERKRAFT

1899

Die Damenwelt muckte 1896 auf. Die Qualen im Dienste der Schönheit sollten endlich ein Ende haben. Der „Allgemeine Verein für die Vereinfachung von Damenkleidung" wurde gegründet. Korsett, Krinoline und Tornüre waren die Wäschestücke, mit denen sich die Frauen damals umgaben.

Die Krinoline stützte mit Fischbein oder sogar Stahlstangen unter der Oberbekleidung die bodenlangen, bis zu sechs Meter breiten Kleider. Das Bild wandelte sich 1870. Plötzlich gefiel den Damen die korbartige Tornüre. Sie formte den „falschen Steiß", eine Ausbuchtung des verlängerten Rückens, die die Männer damals fast um den Verstand brachte. Fünf Pfund Unterwäsche musste die elegante Frau mit sich herumschleppen: Hose, Hemd, „Anstandsrock", Korsett, Halbunterrock – und im Winter kam noch die wärmende Wäsche dazu.

Der Damenbekleidungs-Vereinfachungsverein setzte sich mit seiner Forderung nach der „Befreiung von Druck und Einengung" durch. Doch dies gefiel nicht allen Frauen. Um der nun spürbaren Haltlosigkeit zu begegnen, schuf in Dresden das Fräulein Christine Hardt aus zusammengeknüpften Taschentüchern und Männerhosenträgern eine Büstenhalterung, die sie am 5. September 1899 unter dem Titel „Frauenleibchen als Brustträger" beim Kaiserlichen Patentamt anmeldete, Patentschrift Nr. 110.888 – der erste BH! Leider ist sonst nichts über die Erfinderin bekannt.

Sie sah die Funktion darin, „die Brüste aufrecht zu halten, ohne die Funktion einer gesunden Brust irgendwie zu beeinträchtigen". Ihr ging es darum, dass die Brüste „nur ... mit Hilfe der Träger hochgehalten, nicht aber durch ein fest um Brust und Rücken anliegendes Korsett" gehalten werden. Der „Brustträger" hatte zudem verstellbare Träger, die vom Leibchen abnehmbar waren. Dies war für Frau Hardt wichtig, da so das Wäschestück gekocht werden konnte.

Zahlreiche ähnliche internationale Patente in dieser Zeit zeigen, wie richtig Christine Hardt lag. 1912 wurde der „Hautaner-Brusthalter" als „Brusthalter, ohne Versteifung auf der Haut zu tragen" von Sigmund Lindauer aus Bad Cannstatt patentiert. Die weitaus

Dem Original nachempfunden – so könnte er ausgesehen haben, der erste Büstenhalter.

beste Marketingstrategie hatte aber die New Yorkerin Mary Anne Phelp-Jacobs, die deshalb häufig als Erfinderin des BH genannt wird. 1914 meldete sie ihre Lösung zum Patent an. Sie hatte aus zwei Taschentüchern, Kordeln und Gummi einen BH genäht, um ihn unter ihrem Abendkleid zu tragen. Sie verkaufte die Rechte dann für 1.500 Dollar an die Warner Brothers Corset Company, die dann den BH fabrikmäßig herstellte. Da war das Patent von Christine Hardt immerhin schon 15 Jahre alt.
Am BH spiegeln sich Trends und Zeitgeist – in den 1920er Jahren knabenhaft verkleinernd, rund in den 30ern, züchtigspitz in den 50ern. In den 60ern kam auf Anregung des Designers Rudi Gernreich der „Nobra"-Bra (kein BH-BH) auf. Dabei handelte es sich um einen BH ohne Einlage, Versteifungen und Nähte, aus dünnem, durchsichtigem Material gefertigt, der sich durch einen hohen Tragekomfort auswies und aufgrund seiner Dehnbarkeit als One-Size-BH in die Geschichte einging. Mit der aufflammenden Frauenbewegung Anfang der 1970er Jahre kam es zu öffentlichen BH-Verbrennungen. Das freie Schwingen der Brüste wurden als Zeichen der Emanzipation gewertet. Ende der 1990er Jahre lösten „Wonder-Bra" und „Push-up" noch einmal einen wahren BH-Boom aus. Und auch heute im Zeitalter der Silikonbrüste und Schönheitsoperationen behauptet sich der Büstenhalter als ungefährliche Wunderwaffe gegen die Natur der Schwerkraft.

Kurioses

***Der größte Büstenhalter**, verzeichnet im Guiness Buch der Rekorde, wurde von Norma Stitz (Künstlername; stammt aus dem umgangssprachlichen Englisch „Enormous Tits"; übersetzt „Riesige Brüste") aus den USA getragen und hatte die Größe 56. Das entspricht einem Brustumfang von 203 Zentimetern.*

*Ein britischer Tüftler hat einen **„Techno BH“** erfunden. Das Kleidungsstück soll von sich aus die Polizei alarmieren, wenn die Trägerin bedroht wird. In den BH wurden Mini-Chips eingewebt, über die die Herzfrequenz der Frau analysiert wird. Bei Veränderungen, die auf Angstzustände schließen lassen, soll das Kleidungsstück per Funk ein Notsignal senden. Fehlalarm wird durch einen „Aus"-Knopf am BH verhindert.*

*Australische Forscher haben einen **„intelligenten Büstenhalter“** entworfen, der seinen Stützeffekt an die jeweilige Trägerin und deren Bedürfnisse anpasst. Dazu benutzten sie Stoffe aus Polymer-Systemen, die bei vermehrter Beanspruchung sofort steifer werden.*

Die Bergschwebebahn

HINAUF ZUR SCHÖNEN AUSSICHT

1901

„Flucht der Landesmutter Luise", „Irrenhaus! – Das Drama ist zu Ende" – so titelten sächsische Tageszeitungen 1903 den ganz Europa interessierenden Ehestreit von Kronprinz Friedrich August (dem späteren König Friedrich August III.) und seiner Frau Luise von Toscana. Die erste und einzige Liebe des Monarchen, die ihm sechs Kinder gebar und dann, schwanger mit dem siebten, im Dezember 1902 mit dem Französischlehrer ihrer Söhne aus Dresden floh.

Am 6. Mai 1901 waren sie noch ein Herz und eine Seele und standen wegen einer anderen Sensation im Mittelpunkt des Interesses. Sie weihten die erste Bergschwebebahn der Welt ein. Einen Tag später nahm die Bahn, die die Dresdner Ortsteile Loschwitz und Oberloschwitz verbindet, den regulären Fahrbetrieb auf.

Alles begann Ausgang des 19. Jahrhunderts, das Loschwitzer Oberland wurde immer mehr besiedelt. 1893 wurde das „Blaue Wunder" (Seite 86 ff.) eingeweiht, die erste sächsische elektrische Straßenbahn fuhr vom Schloßplatz über Schillerplatz und Körnerplatz nach Loschwitz. 1895 nahm die Standseilbahn (Seite 92 ff.) ihren Betrieb auf. Gebaut wurde sie von der Nürnberger Firma Schuckert & Cie, die zeitgleich auch die Wuppertaler Schwebebahn erbaute. Das Unternehmen hatte die Patente des Kölner Ingenieurs Eugen Langen zum Bau von Einschienenhängebahnen übernommen. Dies gab den Ausschlag dafür, dieses System weltweit erstmalig (und auch einmalig) für den Bau einer Bergbahn zu nutzen. Von Langen, der ab 1864 den Motorenpionier Nikolaus August Otto maßgeblich förderte und später sogar die noch völlig unbekannten Mechaniker Wilhelm Maybach und Gottlieb Daimler für neun Jahre nach Köln holte, stammt übrigens auch der Name des neuen Verkehrsmittels: „Ein System der hängenden Wagen. Ich habe das Ding Schwebebahn getauft."

Wie funktioniert nun das Einschienenhängebahn-Prinzip? Der Fahrbahnträger, auf dem die Schiene befestigt ist, wird von 32 Pendel- und einer Feststütze getragen. Beide Wagen besitzen Räder mit Doppelspurkränzen zur Führung auf der Schiene. Die Wagenkästen selbst hängen unter der Fahrschiene. Bewegt werden die Wagen durch ein Zugseil. Die zu-

Seit über hundert Jahren einen tollen Ausblick auf Dresden.

gehörige Fördermaschine steht in der Bergstation. Zunächst von einer Verbunddampfmaschine angetrieben, übernimmt seit 1909 ein Gleichstrommotor diese Arbeit. Er lässt die Wagen zwischen Berg- und Talstation pendeln.

1911 gingen sowohl die Schwebebahn als auch die benachbarte Standseilbahn in das Eigentum der Stadt Dresden über, am 1. Januar 1912 übernahm die Städtische Straßenbahn den Betrieb der Anlagen. Über viele Nachfolgegesellschaften betreibt heute die Dresdner Verkehrsbetriebe AG die beiden Bahnen.

Das dies noch so ist, verdankt Dresden einem störrischen Grundstückseigentümer an der Pillnitzer Landstraße. Der wollte sein Land nicht für den Bau der Trasse verkaufen. Deshalb fährt die Bahn kurz vor der Talstation eine Kurve. Ausgerechnet dieser krummen Streckenführung ist es zu verdanken, dass die Bahn nach dem Zweiten Weltkrieg nicht in die Sowjetunion umziehen musste. Eigentlich war die Bergschwebebahn als Reparationsleistung gefordert worden – bis man den Knick entdeckte. 1975 wurde die Gesamtanlage unter Denkmalschutz gestellt, jedoch zeigten Überprüfungsarbeiten am Traggerüst umfangreiche

84 Meter Höhenunterschied überwindet die älteste Bergschwebebahn der Welt.

Mängel. Ein weiterer Bahnbetrieb war nur eingeschränkt möglich. Fahrtgeschwindigkeit, tägliche Betriebszeit und Fahrthäufigkeit mussten verringert werden. Am 1. September 1981 begann die Generalreparatur. Zwischen 1984 und 1991 folgten weitere Rekonstruktionsarbeiten. Nach umfänglichen Rekonstruktionen in den Jahren 2001 bis 2002 wurde die Bergstation der Schwebebahn mit einem modernen Panoramaaufzug ausgestattet.

Technische Daten

Bauart: *Seilschwebebahn System Langen;* *Betriebsart:* *Pendelbetrieb (führerlos);* *Stationen:* *Berg/Tal Oberloschwitz/Loschwitz;* *Strecke:* *Länge 273,8 Meter;* *Höhenunterschied:* *84,2 Meter;* *Neigung:* *39,90 Prozent (maximal);* *Zugseil:* *Länge/Durchmesser 410 Meter/38 Millimeter;* *Antrieb/Leistung:* *80 kW;* *Fördermaschine:* *2 starr gekuppelte Treibscheiben;* *Beförderungsleistung:* *400 Personen pro Stunde je Richtung;* *Fahrgeschwindigkeit:* *2,5 Meter/Sekunde;* *Fahrzeit:* *4,5 Minuten*

Die Trommelwaschmaschine

VOM WASCHHAUS ZUR „DAMPF-KRAUSS"

1902

Was früher die ganze Familie am Wochenende auf Trab hielt, das ist heute in wenigen Minuten erledigt. Deckel auf – dreckige Wäsche rein – Deckel zu – Programm wählen ... und wenig später kommt die saubere Wäsche aus der Maschine. Von der Socke bis zum T-Shirt, alles wird sauber und das ohne Kraftanstrengung und ohne schweres Spülen mit der Hand.

Das Grundprinzip, nach dem unsere Waschmaschinen noch heute arbeiten, wurde vom Schwarzenberger Fabrikanten Karl Louis Krauß (1862-1927) entwickelt. 1907 erhielt er für die bereits 1902 entwickelte Dampfwaschmaschine beim Kaiserlichen Patentamt die Patenturkunde Nr. 210.271, welche seine „Waschtrommel mit einem lediglich aus Gitterwerk bestehenden Mantel" gesetzlich schützte.

Die erste Ganzmetall-Waschmaschine Deutschlands wurde zunächst mit einer Kurbel betrieben und konnte von unten mit Kohlefeuerung beheizt werden. Dabei nutzte Krauß energiesparend selbst die Temperatur der abgeleiteten Rauchgase zum Vorwärmen des Wassers. Dieses Prinzip wurde federführend für die deutsche Waschmaschinenfertigung und hat sich bis in unsere Zeit erhalten. Fast alle Waschmaschinen, die heute auf dem Markt sind, arbeiten nach dem Prinzip, das im Kopf und auf dem Reißbrett des Firmengründers Karl Louis Krauß entstanden ist. Damit setzte er sich an die Spitze der deutschen Waschgeräteproduzenten. Bereits 1918 hatte „Dampf Krauss" 80.000 Maschinen an deutsche Haushalte ausgeliefert. Wie den Frauen die häusliche Arbeit erleichtert werden könnte, dies war Krauß offensichtlich wichtig. Nach einer Klempnerlehre errichtete er 1887 eine eigene Werkstatt und fertigte vor allem Geräte für den häuslichen Gebrauch: Kartoffelpresse, Seifenbecken, Wäscheglocke, Waschschüsseln und Wärmeflaschen. Krauß war 1919 nach Dresden gezogen, wo er 1927 bei einem Verkehrsunfall ums Leben kam. Doch sein Sohn Friedrich Emil (1895-1977) war aus gleichem Holz geschnitzt. 1937, zehn Jahre nach dem Tod des Firmengründers, feierten die Krausswerke bereits ihr 500. Patent. Doch die Waschmaschine blieb die wichtigste Erfindung der Schwarzenberger Firma. Über zwei Weltkriege hinweg und auch zu DDR-Zeiten wurde sie erfolgreich verkauft.

Werbung für die 1902 vorgestellte Waschmaschine.

Das Konzept hinter der Waschmaschine passte ebenso wie beim Waschmittel Fewa (S. 140) in das Frauenbild der damaligen DDR. In einem Prospekt aus den Siebzigern heißt es dann für damalige Maßstäbe schon fast begeistert: „Die junge Frau von heute ist selbstbewußt und weiß ihre hauswirtschaftlichen Pflichten zu meistern, ohne auf ihre Freizeit zu verzichten. Denn arbeits- und zeitsparende Haushaltgroßgeräte gehören ins Anschaffungsprogramm jeder Familie."

Wie das Waschen durch Mithilfe von Maschinen vereinfacht werden kann, hat unendlich viele Erfinder und Tüftler beschäftigt. Allein in den USA wurden bis 1873 auf dem Gebiet des Wäschewaschens ungefähr 2.000 Patente erteilt. 1913 konstruierte Miele die erste elektrische Waschmaschine. Ihre Wände und Böden waren gerillt wie bei einem Waschbrett. Bewegliche Rührflügel rieben die Wäsche daran entlang.

Auch diese Neuerung wussten die Schwarzenberger zu steigern. Sie brachten 1935 die Waschmaschine „Turna 25" auf den Markt, die ebenfalls einen elektrischen Antrieb hatte. Sie war wie die „Dampf Krauss" ganz aus Metall. Die Trommel konnte sich um zwei Achsen bewegen, was zu einer hohen Waschmechanik und besonders sauberen Wäsche führte. Der Elektromotor ließ sich bei Bedarf abnehmen und durch eine Kurbel ersetzen. Fehlte ein Stromanschluss oder fiel der Strom aus, konnte das Gerät weiter genutzt werden. Doch erst in den 50er Jahren setzten sich die elektrischen Waschmaschinen durch. Die

Trommelwaschmaschinen, wie wir sie heute kennen, kamen in den 60er Jahren. Nach wie vor bereitete das Schleudern der Wäsche Probleme und viele Maschinen hatten eine zweite Trommel, in welche die Wäsche zum Schleudern umgefüllt werden musste. Es kam nicht selten vor, dass in der Nachbarwohnung das Geschirr aus dem Schrank fiel, wenn die Waschmaschine in den Schleudergang wechselte. Dies wurde erst Mitte der 60er Jahre besser, als die Trommeln gefedert aufgehängt wurden.

Ein mutiges Herz

„Minna", sagte Karl Louis Krauß zu seiner Frau, „Du bist mein größtes Kapital." Er hatte aber auch noch 200 Mark auf dem Sparkassenbuch, hatte das schönste Reißzeug weit und breit, hatte ein mutiges Herz und den Kopf voller Pläne. Ihr wollt wissen, was er in der Truhe hatte? Zeichnungen, Abwicklungen, Notizen von der Wanderschaft, französische und italienische Wörterbücher, einen Geometrieatlas, ein Buch von seiner geliebten Artillerie. Einiges wohlgepflegte Werkzeug, ein Neues Testament und ein Verzeichnis seiner kleinen Habe. Wir könnten es die Eröffnungsbilanz der Klempnerei des Karl Louis Krauß nennen.
Friedrich Emil Krauß 1937 über seinen Vater.

Herzlich schwarze Wäsche

Um die Bevölkerung mit der Wirkungsweise einer Waschmaschine vertraut zu machen, wurden im 19. Jahrhundert sogenannte Probewaschtage abgehalten. Von einer solchen Veranstaltung berichten die ***Innsbrucker Nachrichten*** *vom 6. April 1889:*
„Gestern nachmittags fand im Hofe des Kreid'schen Hauses ein Schauwaschen statt, welches von Hrn. A. Toms mit einer Nevburg'schen Patentwaschmaschine ausgeführt wurde. Die Produktion, wenn man so sagen darf, wurde von einer stets wechselnden Menge Damen auf das Aufmerksamste verfolgt. Mittelst der Maschine ist man im Stande, in 5 Minuten jede Wäsche (es wurde auch mit einer experimentiert, die herzlich schwarz war) in einer Art zu reinigen, wie es mit solcher Schonung der Wäsche und solcher Ersparung an Brennmaterial und Arbeitskraft unter keinen Umständen sonst geschehen kann. Dazu kommt, dass die Maschine höchst einfacher Konstruktion ist, sodass sie ohne jede Schwierigkeit von jedem Dienstboten bedient werden kann. Die Leistungsfähigkeit der Nevburgermaschine – man kann ein Quantum von 20 Herrenhemden in 5 Minuten rein haben – steht wohl einzig da. Dabei ist der Preis ein ganz geringer. Hr. Toms ist bereit, in jedem Hause, wo man es verlangt, ein Probewaschen abzuhalten."

Die Zahnpasta

IN ALLER MUNDE

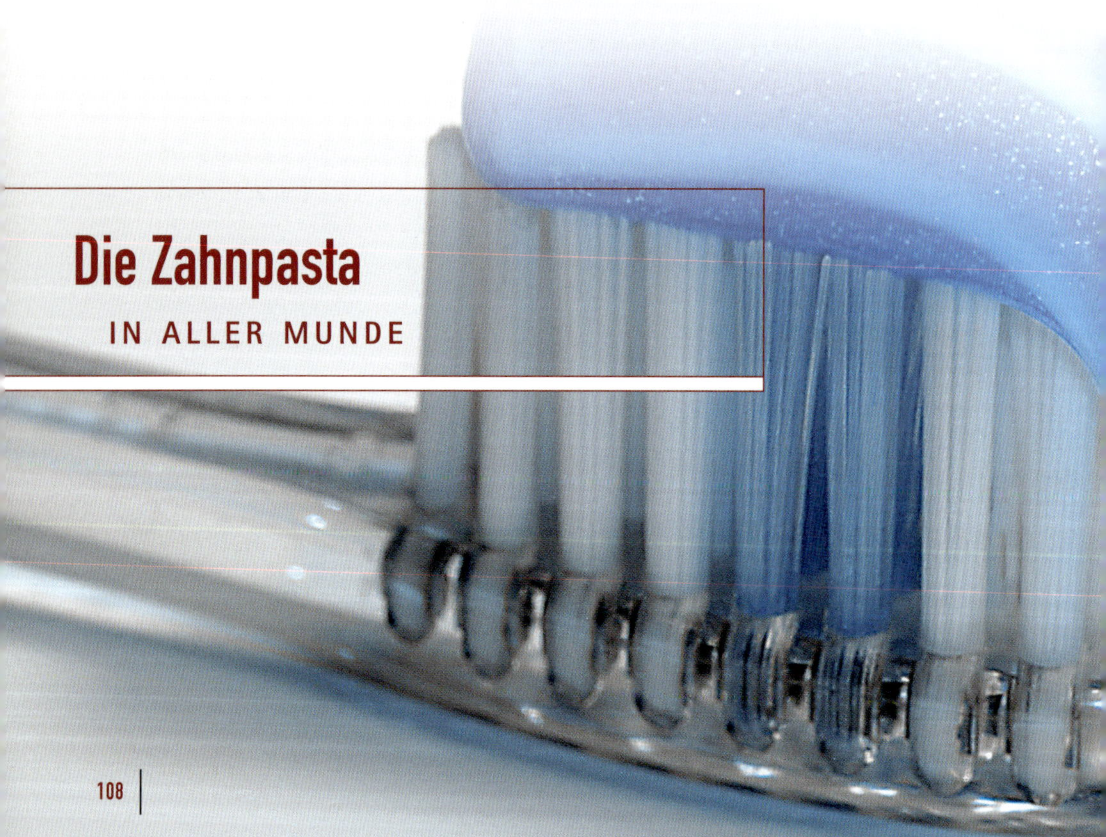

1907

Eltern können ja manchmal ganz schön nerven. Zum Beispiel mit der Frage: „Hast du schon deine Zähne geputzt?" Was kleine Kinder eher ungern tun, war für die alten Ägypter eine Selbstverständlichkeit. Die putzten schon vor 3500 Jahren jeden Morgen ihre Zähne mit Natron. Naja, was heißt putzen – sie spülten. Zur Entwicklung der Zahnpasta musste noch auf den Apotheker Ottomar Heinsius von Mayenburg (1865-1932) gewartet werden. Der hatte Pharmazie an der Universität Leipzig studiert, promovierte 1901 aber auch an der philosophischen Fakultät zum Dr. phil. Im Leo-Laboratorium, einem kleinen Dachbodenlabor über der Dresdener Löwen-Apotheke, experimentierte er 1907 mit Zahnpulver, Mundwasser und ätherischen Ölen. Er vertrat schon damals die heute allgemein anerkannte Auffassung, dass vor allem die regelmäßige mechanische Reinigung mit Zahnbürste und Zahnpaste den Zähnen sicheren Schutz und umfassende Pflege gewährt.

Das Ergebnis der Experimente war die Chlorodont-Zahnpasta. Der Markenname setzt sich aus dem griechischen Wort für gesund und frisch **chloros** und dem lateinischen Wort für Zähne **dentes** zusammen. Angereichert mit etwas Pfefferminz für den guten Geschmack, füllte er die Pasta in Tuben ab. Chlorodont war die erste industriell gefertigte und in Metalltuben verpackte Zahnpasta.

Dass im Jahr 1907 jemand auf den Gedanken kam, fortschrittliche Mundhygiene zur Grundlage einer tragenden Geschäftsidee auszubauen, durfte zu dieser Zeit in Dresden niemanden mehr verwundern. Dem Unternehmer Karl August Lingner war es bereits gelungen, das 1893 in einer Dresdner Gartenlaube erfundene Mundwasser Odol, dank einer bis dahin beispiellos massiven und phantasievollen Werbekampagne, zum Markenartikel für Mundhygiene werden zu lassen (Seite 72).

Und noch etwas hatte Mayenburg von dem „Reklamekönig" Lingner gelernt: Ein geniales Produkt braucht ein charakteristisches „Gesicht", eine ansprechende Verpackung und ein brauchbares Konzept für die begleitende Werbung. Nur

Plakat in Rußland, 1929.

wenige hatten 1907 erkannt, was auch noch heute gilt: Letztendlich gibt erst die Verpackung den Ausschlag, ob sich ein Produkt selbstbewusst unter anderen behaupten kann. Dem Laboratorium Leo gelang es, für das gesamte Unternehmen ein unverwechselbares und homogenes Erscheinungsbild zu finden. Alle wesentlichen Stilelemente dieses umfangreichen und sich ständig weiterentwickelnden Komplexes finden sich bereits in der Chlorodont-Zahnpaste – einer bedruckten Tube im Faltkarton.

In klaren, serifenlosen Versalien stand der Name CHLORODONT strahlend weiß auf dunkelblauer Fläche. Diese wurde von sich abwechselnden grünen und blauen Karos – der „Chlorodont-Kante" – umrahmt. Die Farbkombination Blau-Grün-Weiß, verbunden mit jenem auf eine Linie reduzierten grafischen Ornament, ergaben das klassische Chlorodont-Design. Darüber hinaus unterstrich das siegelartige Firmensignet mit dem Löwenkopf das Selbstbewusstsein, mit dem sich das Unternehmen in der Öffentlichkeit präsentierte.

Im öffentlichen Raum warben Plakate und Reklameschilder. Auch wurden Autos mit Chlorodont-Zahnpastatuben auf dem Dach durchs Reich geschickt. Der Himmel diente gleichsam als die Leinwand, die Kino und Fernsehen erst noch liefern sollten. Um bei der „zeitgemäßen und hochwirksamen Flugzeugreklame" vorne mit dabei zu sein, engagierte Mayenburg für tausend Reichsmark Monatssalär den einstigen Kampfflieger Curt Erwin Wüsthoff. Nur kurze Zeit, nachdem dieser seine neue Stelle angetreten hatte, verunglückte er am 18. Juni 1926 bei einem Schaufliegen. Die **Dresdner Volkzeitung**, das „Organ für das werktätige Volk", kommentiert den Tod Wüsthoffs einen Tag später: „Der einzige noch lebende Pour-le-Merite-Flieger wurde ein Opfer solcher Geschäftsreklame. Den mannigfachen Tücken des Krieges war er heil entkommen, um nun als ein armer Teufel auf dem Schlachtfeld des Kapitalismus zur Strecke gebracht zu werden."

Der Erfolg blieb trotzdem nicht aus, die Löwenapotheke wurde schnell zu klein für die großen Pläne ihres Inhabers. Schon zu Beginn des Jahres 1911 verlegte er deshalb sein handelsgerichtlich eingetragenes Laboratorium Leo in die erste Etage des Hinterhauses Prager Straße 45. Mit zwei Laboranten und etwa zehn Arbeiterinnen wollte er hier die Chlorodont-Produktion in neue Bahnen lenken. Ende des Jahres 1911 hatte das Laboratorium Leo neben Chlorodont bereits ein Sortiment weiterer mundhygienischer Erzeugnisse sowie Haut- und Körperpflegemittel im Angebot. 1917 mußte wieder umgezogen werden. Dieses Mal in die Königsbrücker Straße. Dort beschäftigte Mayenburg nun 60 Angestellte und Arbeiter. Weitere zehn Jahre später war sie die führende Weltmarke und die Dresdner Leo-Werke beschäftigten tausend Beschäftigte in 27 Niederlassungen in Deutschland, Europa und Übersee.

Mit dem Ende des Zweiten Weltkrieges schien auch das Ende der Leo-Werke gekommen. 1950 verlegte man den Hauptsitz nach Frankfurt am Main. Damit war die Enteignung der Leo-Werke vorgezeichnet. Chlorodont und die anderen Leo-Produkte wurden nun in beiden Teilen Deutschlands hergestellt und vertrieben. Dieses Schicksal teilten sie mit vielen anderen klassischen deutschen Markenprodukten, wie Persil oder auch Fewa (S. 140), die ihren Stammsitz von Ost nach West verlegt hatten. 1957 wurden unter dem Namen VEB Elbe-Chemie die früheren Konkurrenten Chlorodont, Odol und Biox-Ultra zusammengeführt. Zu Beginn der 70er Jahre wurde der VEB Elbe-Chemie Bestandteil des Kosmetik-Kombinats „Florena". Neue Marken, wie etwa „Rot-Weiß", „elkadent" und „elce-med", konnten erfolgreich eingeführt werden. Ein Renner war die Kinderzahncreme „Putzi". Millionen ostdeutscher Kinder lernten mit „Putzi" Zahnhygiene. Selbst der Ost-Sandmann machte dafür Reklame. Chlorodont wurde dagegen immer mehr vernachlässigt. Mitte der 80er Jahre wurde der Markenname an die Hamburger Firma Schwarzkopf verkauft. Diese verfügte über die Markenrechte in Westdeutschland.

Der VEB Elbe-Chemie war im Herbst 1989 mit 500 Beschäftigten der größte Produzent mundhygienischer Erzeugnisse in der DDR. Nach der Wiedervereinigung wurde das Unternehmen in die Dental-Kosmetik GmbH umgewandelt und von der Treuhandanstalt verwaltet. 1992 übernahm die Argenta Anlagegesellschaft aus München das Unternehmen, nachdem sie gemeinsam mit den Erben von Ottomar Heinsius von Mayenburg die Reprivatisierung eingeleitet hatte. Seither bemüht man sich, die Markenrechte an Chlorodont rückzuerwerben.

Der Kaffeefilter

DIE PATENTE HAUSFRAU MELITTA

1908

Melitta Bentz verzieht angewidert das Gesicht. Schon wieder hatte sie den Mund voll Kaffeesatz. Dabei wollte sie doch auch den letzten Schluck genießen.

Um die Jahrhundertwende pflegte man eben entweder das gemahlene Kaffeepulver einfach ins Wasser zu schütten, das Ganze aufzubrühen und dann durch ein gemeines Sieb zu filtern, oder aber man goss den Sud durch immer denselben muffigen Stoffbeutel. Der Kaffee wurde bitter und enthielt zudem viel Kaffeesatz.

Diesmal ärgerte sich Melitta Bentz so sehr, dass sie auf Abhilfe sann. An diesem Morgen im Frühsommer des Jahres 1908 riss sie kurzerhand ein Blatt Löschpapier aus einem Schulheft ihres Sohnes und schnitt aus dem durchlässigen Papier ein kreisrundes Stück aus. Dann legte sie es auf den Boden einer Blechdose, in den sie mit Hammer und Nagel viele feine Löcher geschlagen hatte und setzte die Dose auf eine Kaffeekanne. So erfand sie den ersten Filter, der satzfreien Kaffee lieferte.

Eine 35-jährige Hausfrau, von der wir nicht viel Privates wissen. Sie wurde am 31. Januar 1873 in Dresden geboren. Welche Schule sie besucht hat, ob sie je einen Beruf erlernt und ausgeübt hat, geben die Quellen nicht preis. Fest steht jedoch, dass Melitta eine praktisch denkende, sehr aufgeschlossene und unternehmensfreudige Frau gewesen sein muss. Sie ließ es nicht bei diesem Akt der Selbsthilfe bewenden. Auf der Seite 1145 der Patentblätter des Kaiserlichen Patentamtes zu Berlin ist am 8. Juli 1908 zu lesen, sie habe für ihren „Kaffeefilter mit auf der Unterseite gewölbtem und mit Vertiefung versehenen Boden sowie mit schräg gerichteten Durchflusslöchern" und dazugehörigem „Filtrierpapier" Gebrauchsmusterschutz erhalten. Am 15. Dezember 1908 erfolgte die Eintragung der Firma „M. Bentz, Marschallstraße 31", in das Dresdener Handelsregister. Firmensitz war ein 40 Quadratmeter großes Zimmer in der Wohnung der Familie Bentz. Startkapital: 73 Reichspfennige.

1909 stellte Melitta Bentz ihr Filtersystem auf der Leipziger Messe vor und verkaufte über zwölfhundert „Filtriergeräte", wie sie damals noch genannt wurden. In wenigen Monaten

war aus der Hausfrau eine anerkannte Erfinderin und Unternehmerin geworden.

Weil das anfangs verwendete Löschpapier zu langsam filterte, suchten Melitta Bentz und ihr Mann Hugo nach einer anderen Papiersorte, die das Wasser schneller durchließ. Außerdem ersetzten sie den Topf durch einen aus Messing zusammengeschweißten, 13 Zentimeter hohen zylindrischen Filterapparat mit einem Wasserverteiler und einzulegendem Rundfilterpapier.

Die Produktion der ersten Filter erfolgte in Handarbeit, später wurden sie in Auftrag gegeben. Hugo Bentz gab seine Stellung in einem Kaufhaus auf und engagierte sich nur noch in dem jungen Unternehmen. Die minderjährigen Söhne Horst und Willy übernahmen kleine Handreichungen und den Vertrieb. Sie karrten die anfangs kleinen Sendungen zum Fachhandel.

Ab 1919 lieferte Melitta außer Filtern aus Aluminium auch solche aus Porzellan und Steingut, die von Fremdfirmen hergestellt wurden. Bis Mitte der 1920er Jahre hatte man bereits 100.000 Filter produziert. Zum Schutz vor Nachahmern markierte Melitta ab 1925 die Filterpapierpackungen in der noch heute üblichen rot-grünen Farbkombination. Ab 1914 mussten immer größere Produktionsstätten gesucht werden. Auch 1927 platzte das Fabrikgelände wieder mal aus allen Nähten, die 80 Beschäftigten arbeiteten in Doppelschichten. Da die Suche nach einer neuen Bleibe in Dresden erfolglos verlief, siedelte das Unternehmen 1929 nach Minden in Westfalen um.

1937 erhielten die Filter und die Filtertüte von „Melitta" ihre heute noch übliche Form. Seit dieser Zeit läuft der Filter unten schlitzförmig zu, womit die perfekte Form für Filterkaffee gefunden wurde: Die Filtrationszeit stimmt, und das Aroma kann sich entwickeln, ohne dass zu viele Bitterstoffe gelöst werden.

Bereits 1932 hatte Jupp Ernst (1905-1987) den Melitta-Schriftzug entworfen, der seitdem auf allen Gefäßen zu lesen ist. Ernst wurde dann Direktor der Werkkunstschule in Wuppertal und gründete dort das Institut für Industrieform. Er war einer der bedeutendsten Industriedesigner der 50er bis 80er Jahre.

Melitta Bentz starb am 29. Juni 1950 im Alter von 77 Jahren im niedersächsischen Holzhausen/Porta Westfalica.

Der brennende Busch

Nomaden in Äthiopien sollen seit jeher die Kaffeefrüchte gekaut haben. Sein Röstverfahren verdanken wir angeblich dem Hirtenjungen Kaldi. Nachdem dessen Ziegen überdreht herumtollten, brachte er den Kaffeestrauch, von dem sie gefressen hatten, ratsuchend zu Mönchen. Die warfen den Busch unverrichteter Dinge ins Feuer – und waren von dem Duft der gerösteten Kaffeebohnen begeistert. Von Äthiopien gelangte der Kaffee vermutlich im 14. Jahrhundert durch Sklavenhändler nach Arabien. Geröstet und getrunken wurde er aber dort wahrscheinlich erst ab Mitte des 15. Jahrhunderts. In Istanbul wurde 1554 das erste Kaffeehaus eröffnet. 1640 wurde in Venedig das erste Kaffeehaus auf europäischem Boden erwähnt. Zuvor hatte aber Papst Clemens VIII. (1536-1605) das Getränk in Schutz nehmen müssen. Fanatische Christen hatten von ihm ein Verbot des „moslemischen Zaubertranks" gefordert. Kaffee ist das Lieblingsgetränk der Deutschen. Jährlich trinken wir pro Kopf im Durchschnitt 151 Liter.

50 Millionen Filter am Tag

Der Name Melitta steht heute für eine Unternehmensgruppe international tätiger Markenartikelunternehmen. Es wird mit etwa 3.600 Beschäftigten ein Umsatz von mehr als einer Milliarden Euro erzielt. Am Stammsitz in Minden sind etwa 1400 Mitarbeiter beschäftigt. 50 Millionen Kaffeefilter in sieben verschiedenen Größen laufen heute täglich allein hier vom Band. Deren Material hat mit dem Löschblatt-Filter von 1908 freilich nur noch wenig gemein. Papier und Filter wurden von Melitta ständig weiterentwickelt. Geführt wird das Unternehmen von Melittas Enkeln Thomas und Stephan Bentz sowie Volker Stühmeier.

Die Magie des Türken-Tranks

Auszug aus dem Kriminalroman
Der Duft des Kaffees

Es roch verbrannt. Je näher Agathe kam, umso deutlicher fühlte sie den Staub in der Nase, klebrig und bitter. Durch das Schaufenster konnte sie den Übeltäter erkennen: ein metallenes Ungeheuer ragte bis zur Decke. Der Bauch erinnerte sie an den Kessel einer Dampflokomotive. Eine Frau im weißen Mantel öffnete das Maul der Trommel. Das Monstrum spie, Dunkelbraunes rieselte in die Pfanne darunter, ein Metallrechen rührte um, es dampfte. Braune Krümel kullerten von den Stäben des Rechens und verloren ihre Hitze, Staub entwich und wurde von einer Haube abgesaugt. Der Luftauslass befand sich über der Auslagenscheibe, ein Rohr pustete kleine, hellbraune Blättchen auf den Bürgersteig. Kaffeeschalen, vermutete Agathe, warum baut der Mann nicht Filter in seine Kaffeeröstmaschine wie jeder andere Industriebetrieb auch – oder sollte es in der Straße nach Verbranntem stinken?
Kaffeespezialitäten & Zubehör stand in altertümlicher Schrift über dem Schaufenster. Agathe hatte einen Blumenstrauß gekauft, in der Mitte steckte eine Sonnenblume. Beim Öffnen bimmelte die Ladentür, dünn und schrill, der Hauch des letzten Jahrhunderts wehte ihr entgegen: Wurmstichige Dielen, gelbgetönte Wände, eine blaue Stübchentür führte zu einem Hinterzimmer. Der Raum war voller Regale, die Bretter bogen sich unter der Last von verschiedenen Espressomaschinen. Im Geschäft duftete es nach frischem Kaffee, das Bittere und das Verbrannte waren verschwunden, auch der klebrige Staub.
Obwohl sie dem Bohnensaft abgeschworen hatte, bekam sie Lust auf Kaffee und spekulierte: sollte der Gestank vor der Ladentür der Abschreckung dienen, denn nur wer nach dem Wahren, Raffinierten und Delikaten strebt, würde es wagen, die Schwelle des Gestanks zu überwinden? Hinter dem Tresen stand die ältere Dame im weißen Mantel und bediente. Agathe wartete, bis der letzte Kunde das Geschäft verließ, dann fragte sie nach Brioni.
„Nicht zu sprechen." Agathe drückte der Verkäuferin die Blumen in die Hand: „Könnten Sie die Herrn Brioni geben?" Kommentarlos nahm die Verkäuferin das Bouquet und verschwand durch die Stübchentür. Agathe schlenderte durch die Gänge, stöberte bei Capuccinotassen, Kaffeebestecken und Espressomaschinen, eine zweiarmige Hebelmaschine aus den 50iger Jahren erinnerte sie an einen überdimensionalen Korkenzieher, offensichtlich mußte man die beiden Stahlstangen niederdrücken, um das Wasser durch das Mahlgut zu pressen,

Körperertüchtigung als Vorspiel zum Kaffeegenuss. Ein Regal weiter bestaunte sie einen auf Hochglanz polierten kupfernen Koloss; er stand auf einem Tisch und reichte ihr bis zur Stirn. .... Ihre Augen blieben an einer modernen Espressomaschine hängen. Sie kannte das Fabrikat von ihrem letzten Italienbesuch, Freunde hatten es in der Küche stehen, ein ideales Weihnachtsgeschenk für Maurice, dachte sie, elegantes Design, Chromschalter, an der Oberkante ein verspiegelter Tassenwärmer.

... Agathes Blick streifte über einige Regalmeter mit goldenen Kilopackungen. BHM stand darauf, darunter Brionis Hausmischung. „Rausgeschmissenes Geld", brummte eine Männerstimme.

Hinter abgerundeten Formen und blitzenden Ventilen tauchte der dichte Haarschopf Brionis auf. Er lehnte sich über eine Barespressomaschine, die an eine Musikbox aus den 50iger Jahren erinnerte. Fame E 61 leuchtete in roten Lettern unter Glas. „Die Maschine, die Sie wollen, ist Schrott!" ...

„Warum verkaufen Sie Schrott?" fragte Agathe. „Der Vollständigkeit halber. Aber wenn sie die Maschine unbedingt wollen, dort steht sie in Edelstahl!" Er zeigte an das Ende des Gangs, ganz oben stand eine Metallausführung.

„Warum ist die nicht gut, halb Italien kocht damit!" „Halb Italien wird betrogen!" Agathe sah ihn verwundert an. „Die Maschine ist ihr Geld nicht wert, glauben Sie mir!" „Warum?" „Warum, warum, warum", mokierte er sich, „es ist so!"

„Gründe?"

„Sie werden sie nicht verstehen, Sie sind Journalistin, ich bin Kaffeesachverständiger, also!" Sie machte einen Schritt auf ihn zu: „Trotzdem interessieren mich die Gründe, deshalb bin ich nämlich Journalistin!" „Wenn Sie einen Mercedes kaufen, fragen Sie den Verkäufer ja auch nicht, wie die elektronische Einspritzung funktioniert, oder? Sie vertrauen auf die Marke."

Das Buch. Der etwas verschrobene Hans Brioni betreibt in Berlin eine kleine Kaffeerösterei. Er gerät unter Verdacht, an einer mysteriösen Erpresserserie gegen die Großkonzerne der Kaffee-Branche beteiligt zu sein. Es hilft ihm nur die Flucht nach vorn: Zusammen mit der jungen Fernsehjournalistin Agathe stellt er Nachforschungen in Wien und Hamburg an.
Der Autor. Gerhard J. Rekel wurde 1965 in Graz geboren. In Wien studierte er an der Filmakademie, schrieb Hörspiele, Drehbücher. Er lebt seit 1997 in Berlin.

Der Duft des Kaffees. Die Geschichte einer Verschwörung, dtv-Taschenbuch, November 2005, 256 Seiten, 14 Euro

Die Liebesperlen

455 KÜGELCHEN IN DER BABYFLASCHE

1908

An einem Freitag, am 3. April des Jahres 1908 – so will es die Legende – nahm der Görlitzer Süßwarenfabrikant Rudolf Hoinkis (1876-1944) etwas Neues aus seiner Firma mit nach Hause, um es Frau und Sohn zu zeigen: kleine bunte Zuckerkügelchen, die er soeben fertiggestellt hatte. „Ich liebe euch wie diese Perlen, für die ich noch keinen Namen habe", soll er ganz angetan von seiner Neuerung geschwärmt haben. Und Frau Elfriede habe spontan erwidert: „Dann nenne sie doch Liebesperlen." So oder ähnlich wurde das Naschwerk geboren, das heute aus Görlitz in 22 Länder geht – mit TÜV-Gütesiegel und in den verschiedensten Verpackungen, von der Trompete bis zum Wunderröhrchen mit 3D-Magic-Springball. Unvermindert beliebt ist dennoch die Babyflasche mit der blau-gelb-grün-weiß-rot-orangen Mischung – so wie schon seit 1908. Die Liebesperlen bestehen aus einer Mischung von Traubenzucker, Zuckerwasser und Farbstoff, nebst ein paar Geheimnissen. Hergestellt werden sie durch Dragieren, ein Verfahren, mit dem schon um das Jahr 1500 Mandeln und Nüsse einen Mantel aus Zucker bekamen. Die erfolgsträchtige Idee von Rudolf Hoinkis war, als Kern einen einzelnen Zuckerkristall zu nehmen. Der muss allerdings eine ganz bestimmte Korngröße haben, die die Görlitzer aus dem angelieferten Zucker sorgsam heraussieben. In schräg rotierenden Kupferkesseln werden die Kristalle dann immer wieder mit einer Lösung aus Traubenzucker besprüht und abgestreut. So bildet sich Schicht um Schicht, bis nach etwa hundert Stunden 60 bis 70 Drageedecken den Kristall im Kern umschließen.

Frank Stadler

MUSEUM

Rudolf Hoinkis GmbH

Am Flugplatz 16 B | 02828 Görlitz

TELEFON (0 35 81) 38 61 - 0, FAX (0 35 81) 38 61 - 20

www.hoinkis.de

Die Reiseschreibmaschine

WER SCHREIBT, DER BLEIBT

1910

Mark Twain (1835-1910) machte 1874 den Anfang. Er war der erste Schriftsteller mit Schreibmaschine. Der Verkäufer in Boston hatte gepriesen, man könne auf diesem technischen Wunderwerk 57 Wörter in einer Minute schreiben. Mark Twain zweifelte. Eine Tippmamsell trat den Beweis an. Twain war begeistert, kaufte das Modell und nahm die Seiten mit, die das Mädchen vollgetippt hatte. Erst zu Hause entdeckte er, dass darauf immer der gleiche Satz stand. Er war trotzdem dankbar, vor allem dem Erfinder Christopher Latham Sholes (1819-1890) aus Milwaukee, der am 23. Juni 1868 das Patent für seine Schreibmaschine angemeldet hatte und dann bis 1873 die erste kommerziell nutzbare Schreibmaschine entwickelte. Die wurde von der Waffen- und Nähmaschinen-Fabrik E. Remington & Sons aus Illion (New York) serienmäßig hergestellt. Mark Twain lieferte 1876 mit „Tom Sawyers Abenteuer" als erster Autor seinem Verlag ein maschinengeschriebenes Buchmanuskript ab – geschrieben eben auf seiner Remington. Die Ursprünge der Schreibmaschine sind nicht bekannt. Erste Hinweise auf eine Maschine stammen aus dem Jahr 1682. Da man davon jedoch weder das Modell noch den Namen des Erfinders kennt, einigte man sich auf Henry Mill (1683-1771), der 1714 das erste bekannte Patent für den Vorläufer der Schreibmaschine erhielt. Aber auch von dieser Konstruktion sind weder Zeichnungen erhalten noch verrät die Beschreibung die konstruktiven Einzelheiten. Er bekam sein Patent wohl nur für die Idee einer Schreibmaschine.

Die erste wirklich gebaute Schreibmaschine stammt deshalb von dem Italiener Pellegrino Turi aus dem Jahre 1808. Etwa um 1820 entwickelte der Karlsruher Erfinder Karl Friedrich Drais (1785-1851) eine „Schnellschreibmaschine". Sie war mit 16 Tasten ausgestattet. Diese für eine phonetische Schnellschrift konstruierte, „Schnellschreibclavier" genannte Maschine arbeitete mit 4 Hebeln und 16 Tasten und gestattete den Abdruck von insgesamt 16 verschiedenen Lettern. Einige Buchstaben wie b/p, c/k/q/g waren zu einem Zeichen zusammengefasst. Um 1829 gab Drais eine mit 25 Tasten (für jeden Buchstaben eine Taste) ausgerüstete Schreibmaschine heraus. Diese beiden ersten Tastenschreib-

In Zeiten des Laptops kaum vorstellbar.

maschinen fanden allerdings keinen Anklang. Ebenso wenig wie die von ihm 1817 erfundene „Draisine". Dies war ein hölzernes Zweirad mit Lenkstange und gefedertem Sitz, also die Urform des Fahrrades. Die erste in Deutschland produzierte Schreibmaschine wurde 1882 von der Hamburger Nähmaschinen-Fabrik Guhl & Harbeck unter der Bezeichnung „Harmonia" auf den Markt gebracht. Den Weg fort von der Nähmaschine, hin zur Schreibmaschine beschritt in Dresden auch die Seidel & Naumann AG.
Das Unternehmen war 1868 von dem in Dresden geborenen Bruno Naumann (1844-1903) gegründet worden. Seine „Werkstatt für Maschinenschlosserei" entwickelte sich gut. 1870 nahm er Emil Seidel als Teilhaber auf, der aber 1876 wieder ausschied. Doch an dem Firmennamen hielt Naumann fest. 1884 begann die Produktion von Nähmaschinen, zunächst noch in Lizenzfertigung von Singer. 1887 erweiterte das Unternehmen sein Profil und stellte nun auch Fahrräder der Marke „Germania" her. Ab 1899 konzentrierte man sich auf den Bau von „Ideal"-Schreibmaschinen.
Im Jahr 1891 hatte Bruno Naumann die Villa Stockhausen gekauft, eines der drei Elbschlösser. 1906 ging die Villa in den Besitz von Karl August Lingner über, der durch sein „Odol"-Mundwasser wohlhabend geworden war. (S. 72) Seitdem wird das Gebäude hoch über der Elbe „Lingner-Schloss" genannt. Lingner hatte 1885 als Werbetexter bei Seidel & Naumann seine Laufbahn begonnen. Welch eine Karriere!

Als Bruno Naumann 1903 starb, hielten auch seine Nachfolger an dem Traditionsnamen Seidel & Naumann fest. 1910 waren über 2.700 Beschäftigte im Werk angestellt, das unter anderem eine eigene Krankenkasse und eine Betriebskantine hatte. Zu diesem Zeitpunkt wurde mit der „Erika No. 1" die erste deutsche Reiseschreibmaschine entwickelt, obwohl sie diesen Namen mit ihren viereinhalb Kilo Gewicht kaum verdiente. Sie erhielt ihren Namen nach Naumanns Enkeltochter. Die Maschine wurde ständig verbessert. Das Modell von 1927 trat dann seinen Siegeszug um die Welt an. Es hatte erstmals einen Parallelantrieb der Tasten, wodurch ein senkrechter Anschlag möglich war, auch war es mit Tabulator und dreifachem Zeilenabstand ausgerüstet.
Die beiden traditionsreichen Dresdner Nähmaschinen- und Schreibmaschinenhersteller „Seidel & Neumann AG" und „Clemens Müller AG" (S. 52) wurden nach 1945 in Volkseigentum überführt und 1951 zum „VEB Schreibmaschinenwerk Dresden" zusammengeschlossen. Die „Erika" wurde weitergebaut. Als 1980 das Unternehmen dem Kombinat Robotron zugeschlagen wurde, verlagerte man die Produktion zum „VEB Robotron-Optima" nach Erfurt. Noch bis 1990 wurden Schreib- und Rechenmaschinen hergestellt. Ein trauriger Abschied. Über viele Jahrzehnte hatte die „Erika" wegen der gelungenen Kombination von günstigem Preis und Robustheit als „Volksschreibmaschine" gegolten. In fast jeder DDR-Familie (und auch vielen West-Haushalten) war eine „Erika" zu finden.

WAS IST QWERTZ?

Und so funktioniert eine mechanische Schreibmaschine: Jeder Buchstabe auf der Tastatur ist mit einem sogenannten Typenhebel verbunden, auf dem der dazugehörige Buchstabe angebracht ist. Beim Drücken der Taste wird der Typenhebel erst auf ein Farbband und dann auf das Papier gedrückt. Da die Typenhebel aus Metall waren, war das Schreiben auf diesen Maschinen so laut, dass man in den großen Schreibbüros kaum sein eigenes Wort verstehen konnte.
In einem Punkt hat die Schreibmaschine alle Moden überlebt: Bei der Anordnung der Buchstaben auf der Tastatur. 1888 war bei einer Expertentagung in Toronto vereinbart worden, die am häufigsten nebeneinander vorkommenden Buchstaben weit voneinander zu platzieren, um das Verhaken benachbarter Typenhebel zu vermeiden. Diese „Qwertz"-Tastatur (nach den ersten sechs Buchstaben der obersten Buchstabenreihe) blieb in den meisten Ländern Standard - auch beim PC. In Nordamerika ist das „Qwerty"-Tastenlayout üblich. Dort sind die Buchstaben „z" und „y" vertauscht, auch gibt es keine Umlaute.

Das Tonband

DAS SINGENDE PAPIER

1928

Erfinder gelten als verschroben. Zumindest ihre Gedankengänge verlaufen nicht gradlinig, wie sonst käme jemand auf die Idee, eine Verbindung von Zigarettenmundstücken zur Aufzeichnung von Tönen auf ein Magnetband zu ziehen?
Fritz Pfleumer (1881-1945), der als Ingenieur in der Dresdner Zigarettenmaschinenfabrik Universelle arbeitete, hatte Mitte der zwanziger Jahre ein neuartiges Mundstück für Zigaretten erfunden. Bis dahin waren die Mundstücke teurer Zigaretten mit Blattgold belegt, die Mundstücke billiger Zigaretten wurden hingegen mit Bronzestaub überzogen. Im Gegensatz zu Blattgold färbte das Bronzepulver ab: Man konnte an den Fingern und Lippen eines Rauchers sehen, ob er teure oder billige Zigaretten rauchte. Pfleumer erfand nun ein Verfahren, das Bronzepulver in Kunststoff einzubetten, und dann auf das Zigarettenpapier aufzubringen. Billige Zigaretten waren jetzt – zumindest optisch – nicht mehr von teuren zu unterscheiden.
Als Pfleumer 1927 auf einer Dienstreise nach Paris in einem Bistro seinen Café au lait schlürfte, soll ihm die Idee gekommen sein, ein Papierband ebenso mit Eisenpulver zu beschichten wie die Zigarettenmundstücke. Schon ein Jahr später meldete er seinen „Lautschriftträger" zum Patent an: einen langen Papierstreifen, auf dem er eine Schicht magnetisierbaren Eisenpulvers mit seinem Klebeverfahren fixierte. Mit einem Aufsehen erregenden Versuch überzeugt Pfleumer die Experten: er baute das erste Tonbandgerät im heutigen Sinn, um seine Erfindung zu demonstrieren. Dann zerriss er das Tonband in Stücke und klebte sie wieder zusammen. Nur ein leichtes Knacken an den Schnittstellen unterschied das neu zusammengefügte Band von der Originalaufnahme. In der Patentschrift Nr. 500.900 für die revolutionierende Neuerung in der Magnettontechnik heißt es:
„... Gegenstand der Erfindung ist ein Lautschriftträger, bei welchem auf ein Band oder eine sonstige Unterlage aus beliebigem Werkstoff der zur Aufnahme der Lautschrift dienende permanent-magnetisierbare Werkstoff ... in Pulverform aufgebracht ist. Als Unterlage kann man z. B. Bänder aus zähem Papier ... oder Filme aus Acetylzellulose, Celluloid u. dgl. verwenden. ..."

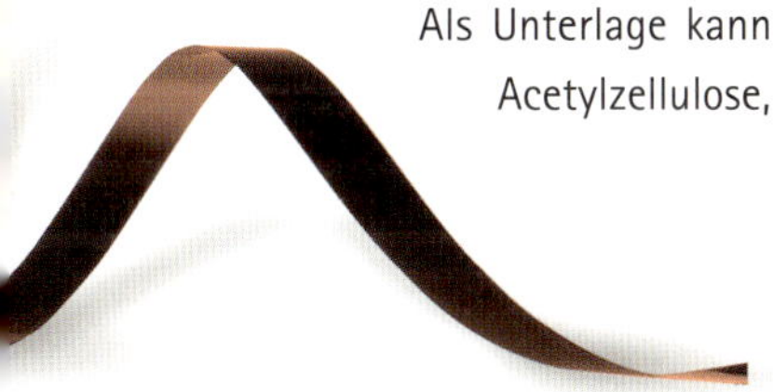

Vorher war die Tonaufzeichnung ausschließlich auf Stahldraht erfolgt. Entdeckt und realisiert hatte das Aufzeichnen von Tönen auf dünnen Eisendraht der Däne Valdemar Poulsen (1869-1942) um das Jahr 1898. Poulsen war seit 1893 bei der Copenhagen Telephone Company angestellt und machte Versuche mit der Aufzeichnung von Telefongesprächen. 1899 bekam er das Patent für einen hochkant stehenden mit Draht umwickelten Zylinder. Er nannte sein Gerät **Telegraphone**. Obwohl Poulsen auf der Weltausstellung 1900 in Paris den Grand Prix bekam und auch die Stimme von Kaiser Franz Josef aufnahm (die älteste Tonaufzeichnung der Welt), war die Technik unausgereift. Die Stahlrolle war unhandlich, schwer und brach leicht. Zudem waren die Aufnahmen verrauscht und wenig tontreu. Und sie waren sehr leise.
1932 konnte Pfleumer die Allgemeine Elektrizitäts-Gesellschaft (AEG) für seine Erfindung gewinnen. Hermann Bücher, ein Vorstand des Unternehmens, beauftragte am 28. November 1932 den Ingenieur Eduard Schüller damit, für das Papierband von Pfleumer ein Aufnahme- und Abspiel-Gerät zu entwickeln. Dieser fand heraus, dass erst mit einem Ringmagnetkopf mit Luftspalt ein brauchbares Magnetfeld aufgebaut werden kann, um damit Töne auf ein Magnetband vernünftig aufnehmen zu können. Der Ringkopf konzentriert die Kraft des gesamten Magnetfeldes in und um den kleinen Luftspalt, an dem das Magnetband gleichmäßig vorbei läuft. Und das war der eigentliche Durchbruch. Auf diesem Prinzip basieren noch heute alle Magnetbandgeräte. Ein amerikanischer Professor bezeichnete 1995 Pfleumer, Bücher und Schüller als „Dream Team" mit dem „größten Forschungs- und Entwicklungs-Triumpf des gesamten Jahrhunderts".
1935 präsentierte die AEG dann auf der Berliner Funkausstellung unter dem neuen, noch heute firmengeschützten Namen **Magnetophon K1** ihr erstes Magnetbandgerät. Der Andrang in der AEG-Halle war ungeheuer – bis früh Morgens am 20. August 1935, dem dritten Messe-Tag, die hölzernen Hallen abbrannten und auch die Mustergeräte zerstört wurden. Aber man hatte glücklicher Weise noch genügend Teile für zwei neue Geräte in Reserve und die Messe wurde um acht Tage verlängert. Das Magnetophon gilt als Prototyp aller bis heute gängigen Magnetbandgeräte.
Von dieser neuen Technik waren auch die Badischen Anilin- und Soda-Fabriken (BASF) überzeugt. Sie gingen daran, von 1934 bis 1938 eine Kunststoff-Folie zu entwickeln, die anstelle des empfindlichen Pfleumerschen Papierträgers verwendet werden konnte. Die Firma setzte den Kunststoff Acetylzellulose als Träger ein. (Acetyl ist ein Konstrukt aus Baumwolle und Papier). Dieser wurde nach einem für die Herstellung von Fotofilmen bekannten Verfahren gefertigt: Man goss einen Grundfilm aus Acetylzellulose und trug auf ihn die magnetisierbaren Teilchen in dünner Schicht gleichmäßig verteilt auf.

Fritz Pfleumer.

Eine Sternstunde

Am Anfang dachte man beim Tonband nur an die Aufnahme und Wiedergabe von Diktaten. Doch dann bewies das Tonband, dass es mehr konnte. Am 19. November 1936 spielte das London Philharmonic Orchestra unter Sir Thomas Beecham in der BASF-eigenen Konzerthalle in Ludwigshafen den dritten Akt von Mozarts Symphonie Nr. 39. Von diesem Konzert wurde der Welt erste Tonbandaufnahme mitgeschnitten. Eine Sternstunde. Angeblich ist dieses historische Band heute noch gut erhalten.

Vor allem die Rundfunkstationen gingen nun vom Schneiden der Schallplatten aus Wachs immer mehr zu Magnetophonbändern über. 1939 wurden bereits 12.000 Kilometer Tonband hergestellt. Eigenartigerweise hatten die Amerikaner die Entwicklung des Tonbandes nicht mitbekommen. Bis 1945 arbeiteten sie noch mit den alten Drahtongeräten. Das änderte sich jedoch sehr schnell, als ihnen bei Kriegsende die deutschen Tonbänder und Tonbandgeräte in die Hände fielen. Heute stellt allein die Firma Emtec als weltweit größter Produzent soviel Quadratmeter Magnetband her, dass es aneinandergelegt das Großherzogtum Luxemburg bedecken würde.

Der Teebeutel

FÜR DEN SCHNELLEN GENUSS

1929

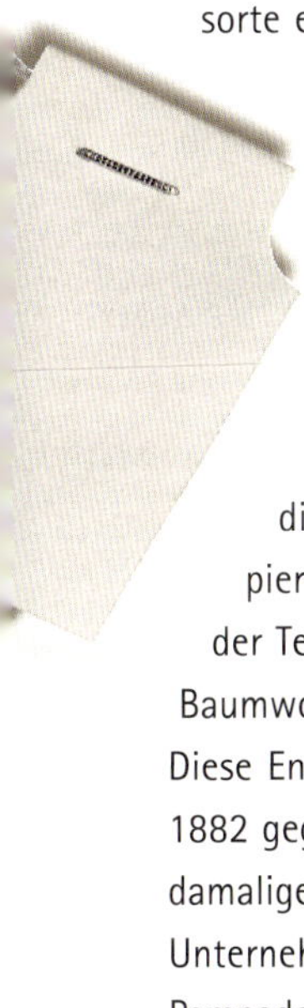

Kaum etwas verbreitet mehr Seelenruhe als ein Teezeremoniell. Kanne, Siebe, Tassen, Dosen vor sich aufzubauen, um sich dann seinen Lieblingstee zuzubereiten; zuzusehen, wie sich beim Aufbrühen Blatt für Blatt entrollt und die Farbe abgibt. Doch leider sind die Gelegenheiten für ausgedehnte Teestunden selten. Für die hektischen Momente gibt es zum Glück Tee im Beutel.

Es war 1904. Der New Yorker Teeimporteur Thomas Sullivan hatte gerade eine neue Teesorte eingekauft. Diesmal wollte er sparen und schickte seine Teemuster nicht in den bisher üblichen Büchsen an die Kunden, sondern in Seidenbeutelchen – der Vorläufer des Teebeutels war erfunden und fand großen Anklang, Sullivans Idee fand rasch Nachahmer. Immer öfter wurde Tee portionsweise abgepackt, in Tücher aus Baumwolle, Mull oder eben Seide.

Teefälschungen durch Färben oder Mischen mit anderen pflanzlichen Substanzen und das Wiederverwenden gebrauchter Teeblätter nahmen überhand, bis schließlich der Brite John Horniman eine Lösung gegen derlei Unsitten fand, die ihm ein Vermögen einbringen sollte. Er verkaufte Tee in versiegelten Papiertüten. Er verwendete aber Klebstoff zum Verschließen der Tüten. So schmeckte der Tee entweder nach Leim oder durch das Papier pappig. Wenn man Teebeutel aus Baumwolle verwendete, schmeckte der Tee muffig.

Diese Entwicklungen wurden sehr aufmerksam in Dresden verfolgt. Hier hatte sich das 1882 gegründete Unternehmen R. Seelig & Hille bereits 1888 den Namen Teekanne – in damaliger Schreibweise Theekanne – als Schutzmarke gesichert. Im Jahre 1892 wurde das Unternehmen von Rudolf Anders und Eugen Nissle aufgekauft. Die Marken Teefix und Pompadour wurden im Jahr 1913 angemeldet und warenzeichenrechtlich geschützt. (Der Name Pompadour leitet sich von den kleinen kugeligen Handtaschen ab, welche die damalige Damenwelt zur Ballgarderobe trug.)

Der junge, bei Seelig & Hille angestellte Ingenieur Adolf Rambold (1900-1996) experimentierte so lange mit Papier, Falttechniken und Maschinen bis er einen preiswerten Tee-

„Theekanne" gibt es als Marke seit 1888.

beutel herstellen konnte. Bei seinen Experimenten war er auf zwei Ausgangsstoffe gestoßen, die seinen Ansprüchen entsprachen: Manilahanf und thermoplastische Fasern, die ein Verschweißen der Beutel ermöglichten. 1929 war er mit der Entwicklung fertig und konnte den ersten maschinell produzierten Teebeutel der Welt präsentieren. Dafür hatte Rambold auch die ersten automatischen Teeverpackungsmaschinen konstruiert.

Zwanzig Jahre später steht Rambold wieder im Rampenlicht. 1949 bringt Teekanne den Doppelkammerbeutel auf den Markt. Der Tee wird in feinstem Filterpapier in zwei Kammern gelagert. Dieses Prinzip ermöglicht es, dass das Wasser den Tee von vier Seiten optimal umspülen kann. Rambold hatte auch diese Maschine entwickelt, die die Produktion dieses Teebeutels erst ermöglichte: die **Constanta**. Sie gilt als der Pionier der modernen Teebeutelverpackungsindustrie.

Die Maschine macht aus einem etwa 15 Zentimeter langen rechteckigen Stück Papier einen Teebeutel. Dazu wird ein Schlauch so gefaltet, dass sich die Papierkanten in der Mitte treffen und ineinander geklappt werden können. Dann füllt die Maschine in jedes Ende des Schlauches Tee. Etwa in der Mitte bleibt ein Streifen frei, der so geknickt wird, dass der Papierschlauch zwei Kammern hat. Die längere Kammer wird spitz über das kürzere Ende geklappt und mit einer kleinen Metallklammer zusammen mit dem Haltefaden zusammengeclipst.

1946 wurde das Unternehmen zunächst nach Viersen am Niederrhein und später nach Düsseldorf verlegt. Das enteignete Stammhaus wurde nach Radebeul verlagert und dort mit der Kaffee- und Teerösterei Otto E. Weber vereinigt. VEB Kaffeeweber-Teekanne wurde

Teebeutel aus speziellem Pergamentpapier, 1929.

1953 in VEB Kaffee und Tee Radebeul umbenannt. 1990 wurde das Unternehmen privatisiert und ein Jahr später als Teehaus GmbH von der Treuhand für etwa 40 Millionen Mark an Teekanne verkauft. Seit 1991 wurden in Radebeul 18 Millionen Euro investiert. Das Stammpersonal besteht aus 115 Mitarbeitern. Das Sortiment gliedert sich in 20 Prozent Schwarztee, zehn Prozent Grüntee sowie 70 Prozent Kräuter- und Früchtetees. Große Hoffnung setzt man in den neuen Bereich der Arzneitees. Das Unternehmen befindet sich nach wie vor in Familienbesitz.

Von China in die Welt

Ein Windstoß soll den chinesischen Kaiser Shen-nung vor fast 5000 Jahren auf den Tee-Geschmack gebracht haben, als einige Teeblätter in einen Kessel mit kochendem Wasser wehten. Schon bald wurde aus dem zufälligen Tee-Genuss das beliebteste Getränk im „Reich der Mitte". Mehr als drei Jahrtausende blieb die Kultur des Teetrinkens allerdings ein rein chinesisches Privileg.

Im 5. und 6. Jahrhundert nach Christus brachten chinesische Mönche die Kunst der Teezubereitung auch den Japanern bei. Und zwar so nachhaltig, dass Teetrinken dort eine fast heilige Handlung ist und der Tee zum japanischen Nationalgetränk wurde.

Als die Europäer im 16. und 17. Jahrhundert große Teile der Welt für sich nutzbar machten, gelangte auch der Tee in die „alte Welt".

www.tee.de

Nur fünfzehn Sekunden zu lang, und er wird bitter ...

Auszug aus dem Kriminalroman: Tod beim Tee

Gewöhnlich schwelgte Theodosia in der Oase der Ruhe, die ihr kleiner Teeladen darstellte. Eingebettet zwischen Robillard Booksellers und dem Kartenantiquariat in der Altstadt von Charleston, South Carolina, war der Indigo Tea Shop ein Teil des romantischen Pastellgobelins aus Südstaaten- und Föderationsarchitektur, viktorianischen Stadthäusern, Innenhöfen und altmodischen Geschäften.

Im Innern dieses kleinen Juwels, eines ehemaligen Kutschhauses, zischten und blubberten kupferne Teekessel, und auf hölzernen Gestellen kühlte frisch bereitetes Gebäck aus, während sich die Stammgäste um einen der heiß begehrten Sitzplätze an den knarzenden Nussholztischen balgten. Durch bleigefasste Fenster und flatternden Baumwollstoff, der die kräftige Sonne South Carolinas mildern sollte, fiel gefiltertes Licht auf hölzerne Dielen, freiliegende Balken und Ziegelwände.

Vom Boden bis zur Decke erstreckte sich ein Labyrinth aus winzigen Fächern, gefüllt mit Töpfen, die bis zum Rand gefüllt waren mit schwarzen, grünen und weißen Tees, mit Black Powders in Nussbraun und Ocker und ganzen Blättern, die blassgrün schimmerten. Und was für ein unwiderstehliches Spektrum an Aromen sich hier bot! Würziger Gunpowder, grüner Tee aus Südchina, leicht fermentierter ceylonesischer Garden-Tee, mit köstlichen Früchten aromatisierter Nilgiri-Tee von den Blauen Bergen Indiens.

... Um einen der großen Tische waren sechs Teekosterinnen versammelt, die eifrig lauschten, als Drayton Conneley, professioneller Teemischer und einer von nur zehn Meisterteeverkostern in den Vereinigten Staaten, einen leidenschaftlichen Vortrag zum Besten gab. Elegant wie immer, in Tweedjackett, gestärktem weißem Hemd und Fliege, gab Drayton vier gehäufte Teelöffel Jasmin Pearl in eine vorgewärmte weiße Keramikkanne. Darauf schenkte er einen Schwall warmes Wasser, das nicht mehr als 66 Grad haben durfte. Während die Teeblätter in dem dampfenden Wasser zogen, entwickelte sich ein satter Ingwerton und kurz darauf ein süßer, an Mandeln erinnernder Duft. „Woher weiß man, wie lange man den Tee ziehen lassen muss?", fragte eine weißhaarige Frau und zog anerkennend die Nase kraus.

„Grüne und weiße Sorten lässt man am besten nur ein bis zwei Minuten ziehen!", sagte Drayton. „Ein Darjeeling, eine, wie wir alle wissen, milde und fruchtige Sorte, sollte keinesfalls länger ziehen als drei Minuten. Und das ist eine feste Regel." Drayton Conneley warf einen Blick über die schildpattgefassten Halbgläser seiner Brille, die beständig seine lange Adlernase hinunterrutschte und ihm ein etwas eulenhaftes Aussehen verlieh.

„Nur fünfzehn Sekunden zu lang, und ein Darjeeling wird bitter. Ein Formosan Oolong, besonders wenn die Blätter eng gerollt sind, ist dagegen eine ganz andere Sache. Scheuen Sie nicht davor zurück, diese Sorte sieben Minuten ziehen zu lassen", erklärte Drayton in der sorgfältig modulierten Tonlage, die gute Freunde sein basso contante nannten.

Drayton war zweiundsechzig Jahre alt und hatte als einziger Sohn eines Missionarsehepaares, das ursprünglich von Sullivan's Island, einen Sprung übers Wasser von Charleston entfernt, stammte, die ersten zwanzig Jahre seines Lebens in Kanton verbracht. In Südchina hatte Drayton seine Leidenschaft für Tee entwickelt.

Er hatte oft wochenlang auf der Panyang-Teeplantage im Hochland von Hangzhou verbracht, während seine Eltern sich um chinesische Christen in weit entfernten Provinzen kümmerten. Nach seiner Rückkehr nach Charleston besuchte Drayton die Johnson & Wales Universität, die renommierteste kulinarische Lehranstalt der Gegend. Im Anschluss daran verbrachte er mehrere Jahre in London, wo er bei der Croft & Squire Teegesellschaft arbeitete, und wechselte dann nach Amsterdam, jenem weltgrößten Umschlagplatz für Tee.

Jetzt hatte Drayton sechs verschiedene Teekannen auf der drehbaren Platte in der Mitte des Tisches arrangiert. Jede Kanne war mit einem einzigartigen Motiv verziert. Die Bandbreite erstreckte sich von einem farbenprächtigen Keramikkohlkopf bis zu einer chinesischen Yi-Shing-Kanne aus gebranntem purpurnem Ton. In jeder Kanne zog eine andere Sorte Tee, und vor jeder der Damen standen sechs kleine Tässchen zum Probieren. Ein verziertes Silbertablett mit einer schnell schwindenden Gebäckmischung machte ohne Unterlass die Runde um den Tisch.

Die Autorin. Laura Childs war zwanzig Jahre lang erfolgreich in der Werbe- und Marketingbranche tätig, bevor sie anfing, Kriminalromane zu schreiben. Als Teeliebhaberin unternahm sie ausgedehnte Reisen nach China, Japan und Indonesien.

Das Buch. Mit der Eröffnung eines kleinen Teeladens in ihrer Heimatstadt Charleston erfüllt sich Theodosia Browning ihren großen Traum. Doch kurz darauf droht schon der Ruin: Ein Gast wird auf einer ihrer Teegesellschaften vergiftet, und der kleine Laden gerät in die Schlagzeilen. Es gibt nur einen Ausweg - sie macht sich eigenhändig auf die Suche nach dem Mörder.

Tod beim Tee. Wilhelm Goldmann Verlag, 2002, 283 Seiten, 7,90 Euro

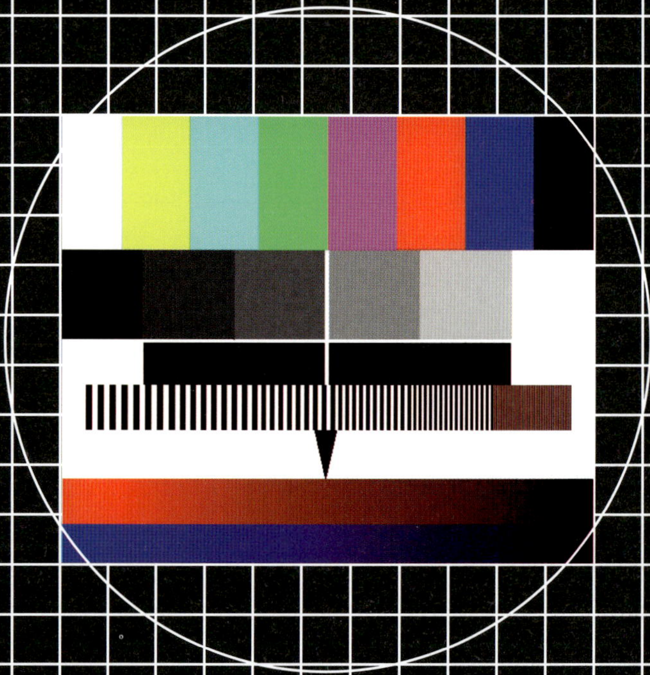

Das Fernsehen

EIN HINGUCKER FÜRS WOHNZIMMER

1931

Rund dreieinhalb Stunden verbringt jeder Deutsche im Durchschnitt täglich vor dem Fernsehgerät. Wohl kaum eine Technik hat seit den fünfziger Jahren den Alltag der Menschen so verändert, ihre Gewohnheiten, ihr Verhalten, ihr Bewusstsein.

Dabei hatte es recht mühsam begonnen. Als die ersten experimentellen Fernsehanlagen 1928 vorgestellt wurden, konnten sie mit ihren wenige Quadratzentimeter großen Bildschirmen und ihren flimmernden, scherenschnittartigen Bildern nicht einmal fanatische Freunde überzeugen. Skepsis herrschte auch 1931 vor. Im Geleitwort zur Funkausstellung in Berlin schrieb der Reichs-Rundfunk-Kommissar Hans Bredow (1879-1959): „Die Ultrakurzwelle hat dem Fernsehgedanken wieder einen neuen Anstoß gegeben, aber auf die allgemeine Einführung wird das verarmte Deutschland wohl noch einige Zeit warten müssen." Doch da hatte er noch nicht in Halle 3 Manfred von Ardenne (1907-1997) besucht. Hier konnte er der Welturaufführung der heutigen Fernsehtechnik mit Elektronenstrahlen beiwohnen. Das Jahr 1931 gilt daher als das Geburtsjahr der heutigen elektronischen Fernsehgeräte. Die erste elektronische Fernsehübertragung war Manfred von Ardenne am Weihnachtsabend 1930 gelungen. Er hatte ausschließlich bereits bekannte Komponenten verwendet: die Braunsche Röhre zur Abtastung und zum Aufbau von Bildern; lineare Kippspannungen, um punkt- und zeilenweise abzutasten; eine einheitliche Steuerung von Lage und Intensität der Kathodenstrahlen, um den Synchronisierungsaufwand zu minimieren. Das Geniale und Visionäre seiner Versuchsanordnung lag darin, Komponenten ausgewählt und mit den damaligen Mitteln optimiert zu haben, die für eine weitere Entwicklung kaum Einschränkungen boten.

Manfred von Ardenne unterschied, wie einige andere auch, zwischen „Fernkino" und „eigentlichem Fernsehen". Seine Versuchsanordnung gehöre eher in den Bereich „Fernkino". Dies basiert auf seinem Verfahren der Abtastung mit der Braunschen Röhre: In der Röhre wird ein Kathodenstrahl erzeugt, in einem sogenannten Wehneltzylinder fokussiert und in seiner Intensität gesteuert sowie durch vertikale und horizontale Ablenkplatten zeilen-

Ardennes Versuchsanordnung

weise über den Fluoreszenzschirm gelenkt. Es entsteht ein Leuchtfleck, der die Aufnahmen eines Kinofilms abtastet und zu einer Fotozelle weitergeführt wird. Es wird also auf elektrischem Wege ein Kinofilm in die Ferne übertragen.

Von Ardenne stellte sich jedoch auch vor, auf ähnliche Weise Liveszenen zu senden: Der Leuchtfleck tastet die jeweilige Szene ab; der reflektierte Lichtstrahl wird sodann von einer Fotozelle aufgefangen. Derartige Versuche erbrachten aber aufgrund der schwachen Lichtwerte nur unzureichende Signale.

Wann zum ersten Mal bewegte Bilder übertragen wurden, lässt sich nicht genau datieren. Wahrscheinlich war es 1924. In diesem Jahr erwarb der Leipziger Physiker und Elektrotechniker August Karolus (1893-1972) ein Patent für die Lichtsteuerung bei der Fernsehbildübertragung. Bei der Übertragung bewegter Bilder kommt es auf die rasche Aufeinanderfolge der Bilder an. Folgen bei einer Übertragungsgeschwindigkeit von einer Sechzigmillionstel Sekunde mindestens 25 Bilder in der Sekunde aufeinander, verschmelzen sie für den Betrachter zu einem fortlaufenden Bewegungsimpuls. Der Eindruck, ein bewegtes Bild zu sehen, entsteht durch die Trägheit des menschlichen Auges.

Zur Zerlegung und Zusammensetzung der Bilder dienten vorwiegend mechanische Apparate mit sich drehenden Elementen: Scheiben mit spiralförmig angeordneten Löchern, durch die das Licht dringt, oder Spiegelschrauben, die das auftreffende Licht punkt- und zeilenweise ablenken. Das Wandeln von optischen in elektrische Signale besorgten Fotozellen, das Rückwandeln Glimmlampen. Derartige Anlagen wiesen eine Reihe von Problemen auf. Der Antrieb benötigte große Leistungen und verursachte unerwünschte Geräusche.

In den 30er Jahren des 20. Jahrhunderts wurden diese Scheiben durch das Ionoskop, einen Elektronenstrahl-Zerleger, abgelöst: Durch das Ionoskop wird das Bild auf eine Platte geworfen, die mit einer lichtelektrischen Schicht überzogen ist. Das Bild zeichnet sich in Form unterschiedlich großer elektrischer Ladungen auf der Platte ab: So entsteht ein dem optischen entsprechendes elektrisches Bild, das nun Punkt für Punkt durch einen Elektronenstrahl abgetastet, einem Verstärker zugeführt und schließlich auf elektrischem Wege übertragen wird. Im März 1935 wurde über den Fernsehsender Berlin-Witzleben der erste regelmäßige Fernsehprogrammdienst der Welt ausgestrahlt. Von einem öffentlichen Fernsehen konnte aber keine Rede sein. Zur Mitte des Jahres 1935 gab es in Berlin gerade mal fünfzig Fernsehempfangsgeräte.

Ardenne mit seiner Fernsehröhre in den 60er Jahren.

Manfred von Ardenne

Manfred von Ardenne entstammte einer großbürgerlichen Offiziers- und Beamtenfamilie, die aus Lothringen über Belgien nach Deutschland gekommen war. Am 20. Januar 1907 kam er als Sohn des Regierungsrates Baron Egmont von Ardenne und dessen Frau Adela in Hamburg zur Welt. Als der Vater 1913 ins Kriegsministerium versetzt wurde, siedelte er mit seinen Eltern und vier Geschwistern nach Berlin über. Bereits mit elf Jahren bastelte der junge Ardenne Fernrohre, fertigte Fotoapparate an und konstruierte Alarmanlagen.
In der elterlichen Wohnung experimentierte er in einem eigenen kleinen Labor. Nach einigen gefährlichen chemischen Experimenten wandte sich der Junge allerdings auf Geheiß seiner Eltern einer ruhigeren Beschäftigung zu: der drahtlosen Telegraphie. Als 16-Jähriger erhielt Ardenne bereits das erste Patent für eine direktgeheizte Mehrfach-elektronenröhre. 600 weitere Patente sollten im Verlauf seines langen, schaffensreichen Lebens folgen.
Das Friedrich-Real-Gymnasium verließ er bereits als 16-Jähriger, um seine ungewöhnliche technisch-erfinderische Begabung durch praktische Ausbildung in einer feinmechanischen Werkstatt weiter zu fördern. Zwei Jahre später begann Ardenne ohne Abitur mit einem Studium der Physik, Chemie und Mathematik an der Universität Berlin, ermöglicht durch

die Fürsprache prominenter Wissenschaftler. Er kam jedoch bald zu der Auffassung, die akademische Ausbildung bringe ihn in seinen Forschungen nicht voran. Nach vier Semestern hatte er schließlich genug von naturwissenschaftlichen Vorlesungen und wandte sich als Autodidakt wieder ganz seinen privaten Forschungen auf dem Gebiet der angewandten Physik zu.

Dank der Lizenzerträge seiner Erfindungen konnte Ardenne bereits im Alter von 21 Jahren in Berlin-Lichterfelde sein „Forschungslaboratorium für Elektronenphysik" gründen, das sich rasch zu einem Institut entwickelte. Hier arbeitete Ardenne unter anderem an einer verbesserten Braunschen Elektronenstrahlröhre, einem Fernseh-Leuchtfleckabtaster und einem Breitbandverstärker. 1930 entstand ein Spezialgerät für die Lungendiagnostik. Mitte des 20. Jahrhunderts gingen eine Vielzahl bedeutender Erfindungen auf den Gebieten der Funk- und Fernsehtechnik und der Elektronenmikroskopie auf die Arbeit seines privaten Forschungsinstituts zurück.

Vom Kriegsdienst freigestellt, beteiligte sich Ardenne an der Entwicklung der Radartechnik und entwickelte in seinem unterirdischen Laboratorium ein Zyklotron für Atomversuche und einen Massenspektrographen. Wenige Monate nach Kriegsende wurde er in die Sowjetunion interniert. In einem ihm eigens dafür zur Verfügung gestellten Institut in Suchumi im Kaukasus entwickelte Ardenne einen magnetischen Isotopentrenner. Auch arbeitete er an der Entwicklung der sowjetischen Atombombe mit. Dafür erhielt er 1953 den Stalinpreis.

Ardenne kehrte im April 1955 aus der Sowjetunion zurück und entschied sich, in der DDR ansässig zu werden; er befürchtete ansonsten den Verlust seines umfangreichen Laboratoriums, das beschlagnahmt und mit nach Russland transportiert worden war. Der Wissenschaftler errichtete in Dresden auf dem „Weißen Hirsch" das „Forschungsinstitut Manfred von Ardenne", das vornehmlich auf den Gebieten der Elektronen-, Ionen-, Kernphysik und Übermikroskopie arbeitete. Auf dem Gebiet der Medizin entwickelte von Ardenne die Sauerstoff-Mehrschritt-Therapie und die sogenannte systemische Krebs-Mehrschritt-Therapie zur Krebsbehandlung, bei der die Metastasenbildung durch eine sauerstoffunterstützte Hyperthermie (Überwärmung) gegebenenfalls in Kombination mit einer Chemotherapie in mehreren Behandlungsstufen unterdrückt werden sollte.

Der Physiker war zwar nie Mitglied der SED, stand aber lange Zeit hinter den Zielsetzungen der Partei, die ihn und seine Arbeit förderte. Später kritisierte er das System zunehmend, machte Reformvorschläge und begrüßte im November 1987 die Entwicklung in der Sowjetunion unter Gorbatschow.

Am 26. Mai 1997 starb Manfred von Ardenne 90-jährig in Dresden.

Das multimedial vernetzte Kinderzimmer

Auszug aus dem „Erziehungsbuch"

Kinder, die in einem fernsehlosen Haushalt aufwachsen, werden leicht Außenseiter; sie haben Informationsdefizite, können auf dem Schulhof nicht mitreden und werden auf Dauer schwierige Menschen über ihre vielen kleinen kommunikativen Niederlagen im Alltag. Außerdem sind sie gefährdet, wenn sie mal bei anderen Familien übernachten, sich intensiv oder auch exzessiv das Allerschlimmste an Gewalt und Sex zeitlich überdosiert nachzureichen oder mit 18 Jahren, wenn sie einer Videothek beitreten können, sich täglich sechs Filme reinzuziehen, um ihren Nachholbedarf zu befriedigen. ...

Fernsehen ist die Freizeitbeschäftigung Nr. 1 bei Kindern. Deutsche Kinder sehen heute täglich im Schnitt 101 Minuten fern, und schon bei den Drei- bis Fünfjährigen sind es 81 Minuten. 83 Prozent der Sechs- bis 13-Jährigen sitzen täglich vor dem Bildschirm. ...

Während Vorschulprogramme von Vorschülern immer seltener gesehen werden, neigen sie gleichzeitig dazu, immer häufiger Programme für Erwachsene sehen zu wollen: Sie empfinden Kindsein oft als Kindischsein und wollen daher die so wichtigen Entwicklungsstufen nicht altersentsprechend ausleben, sondern einfach überspringen, was ihnen nicht gut tut, so dass sie in der Schule dann mit psychomotorischem Extraturnen versorgt werden müssen, das gegen ihre Bewegungs-, Muskelkoordinations-, Gleichgewichtssinn-, Hautsinn-, Rückwärtsgehenkönnen- und Rechendefizite kompensatorisch zu wirken bemüht ist. ...

Die Medienlandschaft hat sich derart rasch verändert, dass wir heute schon von dem „multimedial vernetzten Kinderzimmer" sprechen, das dazu geführt hat, dass junge Menschen mit ganz anderen Hirnvernetzungen aufwachsen, als es die Erwachsenen früher taten. Junge Menschen sind den Erwachsenen dadurch irgendwie fremd geworden.

Der Autor. Peter Struck, geboren 1942 in Hamburg, ist seit 1978 Professor für Erziehungswissenschaft an der Universität Hamburg. Seine Arbeitsschwerpunkte sind Sozialpädagogik der Schule, Heimerziehung, Jugendarbeit und Erziehungsschwierigkeiten.

Das Buch. Erziehung sei nicht schwierig, wenn man sie als gut gestaltete Beziehung verstehe, behauptet der Autor. Man müsse die Mitte treffen, die Mitte zwischen Vernachlässigen und Überbehüten, zwischen Unter- und Überforderung.

Primus Verlag, 2005, 252 Seiten, 24,90 Euro

Kannst du waschen, Johanna?
Gewiss kann ich das!
Na, dann zeig´s mal, Johanna!
Mit Fewa macht´s Spaß!
Und ob das Wasser hart
Und ob das Wasser weich,
mit Fewa macht das nichts aus –
bei Fewa ist das gleich.

Das Feinwaschmittel

MIT FEWA MACHT DAS WASCHEN SPASS

1932

Ja, Johanna, das war eine Frau! Auch wenn die Figur nach heutigem Empfinden etwas steif wirkt, war die Fewa-Johanna für die Nachkriegszeit geradezu revolutionär. Putzen und Waschen – und dennoch eine moderne Frau sein. Denn sie machte es vor: Mühelos reinigt sie Wäsche in kürzester Zeit und hat noch genug Zeit für sich selbst. So konnten die Frauen der DDR berufstätig sein und mühelos noch den Haushalt bewältigen. Die Werbefigur entwickelte sich schnell zu einem echten Sympathieträger. Wovon Werbemanager heute träumen – das gelang der Fewa-Johanna bereits vor 50 Jahren. Als eine Art Werbeprodukt konnte sie in Drogerien gekauft werden und war als Plüschfigur ein Stammgast in vielen Kinderzimmern.

Johanna war die einzige Werbefigur der DDR, deren Wurzeln in die Vorkriegszeit zurückreichten und die zeitgleich auch in der Bundesrepublik eine Produktgruppe gleichen Namens vertrat. Ursache hierfür war wie bei vielen anderen Produkten und Markennamen eine Rechtsnachfolge in beiden deutschen Staaten. In Westdeutschland warb Fewa Anfang der 1950er Jahre mit dem Slogan: **„Jetzt wieder in Friedensqualität"**.

Aber was brachte nun die Werbeikone an die Frau? 1932 war in Chemnitz das weltweit erste synthetische, also seifenfreie, **FE**in-**WA**schmittel entwickelt worden. Fewa war eine echte Revolution des Waschens, die Seife wurde nach 5000 Jahren aus dem Waschbottich verdrängt.

Der Chemiker Heinrich Gottlob Bertsch (1897-1981) aus Württemberg bereitete dem ersten vollsynthetischen Waschmittel den Weg.

Er war 1924 für die wissenschaftliche Forschung zur H. Th. Böhme AG nach Chemnitz gekommen. Ende der zwanziger Jahre entdeckte er, dass Fettalkoholsulfate die gleiche Waschwirkung haben wie Seife – nur ohne deren Nachteile. Mit einem neutralen pH-Wert greifen sie die Fasern weniger an – Textilien lassen sich schonender waschen. Fewa erforderte zudem nur 20 Prozent der sonst üblichen Menge an Seife. Schon 1939 wurde Fewa gleich hinter Persil die Nummer 2 auf dem Markt der Waschmittel. Das Unternehmen Henkel, das Persil proudzierte, konnte sich freuen. Hatte es doch 1935 Böhme übernommen.
Dass gerade in Chemnitz an dem neuartigen Waschzusatz getüftelt wurde, der bald schon in den meisten Haushalten zu finden sein sollte, ist nicht verwunderlich. Hatte das Gewerbe hier doch einige Tradition: Bereits 1611 erhielten die Chemnitzer Seifensieder vom Landesherrn das alleinige Recht, Seife zu machen. Und im 19. Jahrhundert entstand hier eine Vielzahl chemischer Fabriken. Nur die „Fettchemie", die gibt es nicht mehr. Der Betrieb wurde 1992 liquidiert, die Fewa-Produktion eingestellt. Fewa steht noch weiter in den Verkaufsregalen, ein Waschmittel unter vielen, produziert in Düssseldorf.

Der Grafiker Horst Geil gab Johanna ihr Aussehen.

Aus der Erstarrung gelöst

Der 1919 in Chemnitz geborene Grafiker Horst Geil hat 1948 der „Fewa-Johanna" ihr markantes Aussehen gegeben. Die Figur war zwar bereits 1938 von Karl Nebel geschaffen worden, doch Geil gab ihr ein neues Aussehen. „Vor allem reizte mich, das bereits vorhandene Markenbild der Fewa-Johanna aus seiner Erstarrung zu lösen, ihm Leben und Inhalt zu geben", erklärte er. Die Figur wurde etwas runder, kompakter, freundlicher, aber auch anmutiger in ihrer Haltung.
Geil war nach Krieg und Gefangenschaft in seine Heimatstadt zurückgekehrt. Der gelernte Gebrauchsgrafiker wurde Atelierleiter im VEB Fettchemie und in den Fewa-Werken. Neben der „Johanna" entwarf er die Werbung für Fit, Fay, Wab, Flibol, Duolit, Duotex.

„Geld stinkt nicht"

Kleidung wird gewaschen, seit es gewebte Kleidung gibt. Das älteste Waschmittel war Wasser, das zunächst kalt, dann erhitzt angewendet wurde. Das Beifügen von Holzasche (Kaliumcarbonat) ergab Holzaschenlauge, die die Reinigung förderte.

Die Sumerer gelten als das älteste Kulturvolk, von dem überliefert ist, wie man aus Holzasche und Öl eine seifenähnliche Substanz herstellen kann. Auf 4500 Jahre alten Tontäfelchen fand man die Kochanleitung für Seife: Man verwendete damals Pflanzenöle und kochte diese mit Holzasche.

Erst nach dem Beginn unserer Zeitrechnung finden sich wieder Hinweise auf die Herstellung und Verwendung von Seifen. Plinius der Ältere (23-70 n. Chr.) berichtet in seiner Historia naturalis*, dass die Gallier und Germanen Seifen als Haarpomade benutzt hätten, die sie aus Ziegentalg und weiß gebrannter Asche herstellten.*

Die Römer und die Griechen reinigten jahrhundertlang ihre Wäsche mit Aschenlauge und salbten ihren Körper mit Öl. Auf die Idee, Öl und Asche zu vermischen und zu verkochen, kamen sie aber nicht. Die Römer aber kannten eine zweite Quelle, um zu dem begehrten Alkali zu kommen. Sie verwendeten Urin als Waschmittel, den sie in Töpfen sammelten und einige Zeit stehen ließen. Fauliger Harn bildet nämlich Ammoniak, das sich mit dem in der schmutzigen Wäsche enthaltenen Fett zu einer Seifenlösung verbindet, die wiederum den Schmutz aus dem Gewebe löst. Als Kaiser Vespasian (39-83 n. Chr.) von den Wäschern hohe Steuern eintreiben wollte, gab es Proteste - wie immer in solchen Fällen. Erstaunlicherweise gab es auch Widerspruch im Hofrat. Daraufhin entgegnete der Kaiser: Pecunia non olet *- Geld stinkt nicht.*

Als besonders geschickt im Seifenkochen erwiesen sich die Araber des 7. Jahrhunderts, direkt nach der Zeit, als Mohammed den Islam gründete. Mit Ausbreitung dieser Religion kam die Kunst des Seifensiedens über Spanien nach Europa. Im frühen Mittelalter entwickelten sich im Mittelmeerraum Zentren eines blühenden Seifensiederhandwerks. Vor allem Spanien, Italien und später Frankreich besaßen die erforderlichen Rohstoffe. Oliven dienten als Öllieferant, die Aschen von Meerespflanzen enthielten Soda.

Durch den Zusatz von Duftstoffen, die aus verschiedenen Pflanzen gewonnen wurden, verfeinerte man in Frankreich die Seifen. Doch dies war ein absoluter Luxusgegenstand. Zudem war der Wunsch, sich und seine Kleidung regelmäßig zu waschen, noch nicht sehr stark ausgeprägt. Mit der Industrialisierung und dem damit einher gehenden Aufschwung der Textilindustrie setzte zu Beginn des 19. Jahrhunderts eine größere Nachfrage nach Seife ein. Waschen wurde modern.

Die Spiegelreflexkamera

DAS EINÄUGIGE KLEINBILD

1936

Als 1936 auf der Frühjahrsmesse in Leipzig das Dresdner „Ihagee Kamerawerk" seine „Kine Exakta" der Öffentlichkeit präsentiert, sind die Reaktionen eher zurückhaltend. Staunend, aber mit einiger Skepsis wegen ihrer Kleinbauweise betrachteten die Besucher die Neuerung aus Dresden. Ob sie sich denn auch zuverlässig scharf einstellen lasse? Wie funktionssicher würde sie sein?
Kaum einer ahnte, dass mit der ersten einäugigen Kleinbild-Spiegelreflexkamera eine neue Epoche im Kamerabau begonnen hatte. Konstruiert worden war die heute schon als Legende geltende „Kine Exakta" von Karl Nüchterlein (1904-1945), auf dessen Tisch zahlreiche Patente der Kameratechnik entstanden. 1932 war die Filmfabrik Agfa Wolfen mit ihrer neue Filmpatrone zur lichtsicheren Aufbewahrung von 35-mm-Kleinbildfilmen auf den Markt gekommen – der Urform der heutigen Kleinbild-Patrone. Nüchterlein setzte alles daran, für diesen Film eine kleine einäugige Spiegelreflexkamera zu entwickeln. 1935 konnte er schließlich die ersten Funktionsmuster der „Kine Exakta" fertigstellen. Dies war die erste einäugige Kleinbild-Spiegelreflexkamera im heutigen Sinne und mit dieser Kamera waren Belichtungszeiten zwischen 12 bis 1/1000 Sekunde möglich. Der Schlitzverschluss besaß Geschwindigkeiten von 6 bis 1/1000 Sekunde. Das Besondere war, dass der Fotograf für Momentaufnahmen den Einstell-Lichtschacht in einen Rahmensucher umwandeln konnte, da es ihm das im Reflexfenster verkehrt erscheinende Bild etwas erschwert hätte, schnelle Bewegungen zu verfolgen.
Die einäugige Spiegelreflexkamera besitzt einen klappbaren Spiegel (Rückschwingspiegel) und ein Pentaprisma über der Mattscheibe als Sucher. Vor und nach der Aufnahme wird das Bild über den Spiegel auf die Mattscheibe projiziert und kann über das Pentaprisma seitenrichtig und aufrecht betrachtet werden. Erst im Moment der Aufnahme wird der Spiegel hochgeklappt, so dass er sich nicht mehr im Weg zur Filmebene befindet und der Film belichtet werden kann, wenn der Verschluss ausgelöst wird. Der Hauptvorteil der einäugigen Spiegelreflexkamera liegt in der Möglichkeit, Wechselobjektive (z.B. Weitwinkel- und Teleobjektive) verwenden zu können.

Die „Ihagee", die „Industrie- und Handelsgesellschaft m. b. H mit Kraftbetrieb" war 1912 von dem Holländer Johan Steenbergen (1886-1967) gegründet worden. Später wurde der Namen in „Ihagee Kamerawerke" umgewandelt. 1940 emigrierte Steenbergen in die USA. Vermutlich weil er Mehrheitsaktionär war, wurde Steenbergens Unternehmen nach dem Krieg nicht ins Volkseigentum übergeführt. Statt dessen wählte man die Konstruktion, dass die Firma vom VEB Optik „verwaltet" wurde.

1969 entschied der Bundesgerichtshof in Karlsruhe, dass der Dresdner Betrieb den Namen „Exakta" nicht mehr verwenden dürfe. Man half sich mit der Umbenennung der Kamera, zum Beispiel (je nach Modell) mit VX IIa, VX IIb oder VX 1000. Die VX 1000 wurde auf verschiedenen Exportmärkten auch als **Elbaflex** bezeichnet. 1970 wurde das Vermögen der „Ihagee AG in Verwaltung" an den VEB Pentacon übertragen und hörte damit auf zu existieren.

In Dresden den Anfang genommen

In einer langen Entwicklungszeit der photographischen Kamera wurden aus den mehrere Kilogramm schweren, unförmigen Photokästen der photographischen Frühzeit immer kleinere, leichtere und komfortablere Kameras. Als erste Kleinbildkamera konnte sich die

Spreizenkamera für die Tropen, Ernemann, 1924

von Oskar Barnack (1879-1936), einem Mitarbeiter der optischen Werke Werner Leitz in Wetzlar, 1925 entwickelte „Leica" (Abkürzung für: Leitz Camera) mit einem Negativformat von 24 x 36 Millimetern durchsetzen.
Die deutsche Fotoindustrie nahm jedoch in Dresden ihren Anfang. Schon im Jahr 1839 hatte der Optiker Friedrich Wilhelm Enzmann (1802-1866) als einer der ersten in der Welt mit der Herstellung von Fotokameras begonnen.
In kürzester Zeit etablierten sich eine Anzahl von Unternehmen der Fototechnik. Ein ganzer Industriezweig entstand in Dresden und der näheren Umgebung. Die „Hüttig AG" war eine der Pionierfirmen der Branche und entwickelte sich bis 1906 mit mehr als 800 Mitarbeitern zum größten Kameraproduzenten Europas. Diese Firma hatte bereits 1896 die erste einäugige Platten-Spiegelreflexkamera auf den Markt gebracht.

1926 fusionieren vier Dresdner Kamerabetriebe zur Zeiss-Ikon AG. Mit 3.400 Mitarbeitern ist sie das größte Kamerawerk Europas. Zeiss Ikon brachte 1932 mit seiner „Contax" die erste Kleinbildkamera für perforierten Film auf den Markt. 1935 die nächste Weltneuheit: „Contaflex" ist die erste zweiäugige Kleinbild-Spiegelreflexkamera mit eingebautem Belichtungsmesser. Nach den „Exaktas" von Ihagee ging 1939 die „Praktiflex", eine Kleinbild-Spiegelreflexkamera mit Rückspiegel, aus den Kamerawerkstätten von Charles A. Noble (1892-1983) in die Produktion.
Beim Bombenangriff im Februar 1945 wurden die meisten Fabriken zerstört. Nach 1949 erfolgte eine schrittweise Zusammenführung der gesamten fotografischen Industrie in der DDR zum Kombinat Pentacon. Nobles Werk wurde verstaatlicht und erhielt 1953 den Namen VEB Kamerawerke Niedersedlitz. 1959 ging das Unternehmen im VEB Pentacon auf. Hier wurde die Erfolgsmarke „Praktica" hergestellt.
Nobles Söhne schaffen 1991 einen Neustart im einstigen väterlichen Betrieb. 1993 stellen sie dis bisher einzigartige Konstruktion einer Panoramakamera vor. Die „Noblex PRO 06/150" funktioniert nach dem Prinzip einer um 360 Grad rotierenden Optik. Im Ergebnis entsteht ein verzerrungsfreies Bild mit einem Aufnahmewinkel von 146 Grad. Seit 1998 firmiert das Unternehmen mit neuem Besitzer als Kamera Werk Dresden.

Der Doppelstockwagen

ZWEI ETAGEN AUS GÖRLITZ

Der letzte „Ur-Doppelstockwagen“ steht in Lübeck auf dem Gleis.

1936

So einen Presserummel hatte Lübeck selten erlebt. Selbst Zeitungsmenschen, die sich sonst kaum in den Norden Deutschlands verirrten, hatten die Reise nicht gescheut. Vertreter etwa vom **Kladderadatsch** aus Berlin, dem **Illustrierten Blatt** aus Frankfurt waren gekommen, aber auch Redakteure vom **Matin** in Paris, der **Dänischen Eisenbahnzeitung** und selbst von den **Sydney News**. Der Anlass war schon erstaunlich. Es galt, die neuen Doppelstockwagen mit der Stromlinienlokomotive im Rahmen bei einer Sonderfahrt kennenzulernen. Die Stromlinien-Schnellzüge waren eine bahntechnische Revolution, die die Lübeck–Büchener–Eisenbahn (LBE) weltweit bekannt machte. So kamen sogar Gäste aus Japan und New York um bei der Jungfernfahrt am 2. Mai 1936 dabei zu sein. Die Züge befuhren die Strecke Hamburg–Lübeck-Travemünde.
Das Unternehmen hatte sich zwei Jahre zuvor entschlossen, um wirtschaftlicher zu werden, zwischen Hamburg und Lübeck auch doppelstöckige Reisezugwagen rollen zu lassen. Die Idee war Paul Mauck, dem Leiter des maschinen-technischen Dienstes gekommen. Die Fahrzeuge sollten als sogenannte Wendezüge unterwegs sein – etwas, das es zu dieser Zeit in Deutschland noch nicht gab. Um bei Störungen am Antrieb nicht auch den Personenwaggon aufs Reparaturgleis schieben zu müssen, sollten die Wagen nicht als Triebfahrzeuge konstruiert sein, sondern lediglich Steuerabteile an den Stirnseiten haben. Die fest mit dem Zug verbundene Dampflokomotive mit der Stromlinenverkleidung konnte vom anderen Zugende aus vom Lokführer ferngelenkt werden. Zudem sparte man sich das Umsetzen der Lokomotiven in den Endbahnhöfen.
Entwicklungsaufträge waren an eine Lokomotivfabrik in Kassel und an die Waggonfabriken Linke-Hoffmann in Breslau und Wumag in Görlitz gegangen. Die Erfahrungen der Görlitzer Waggonbauer trugen dazu bei, dass die Wagen trotz ihrer neuen Bauart besonders ruhig liefen und den Fahrgästen für die damalige Zeit ein großes Maß an Komfort boten. So waren selbst die Sitze in der 3. Klasse gepolstert. Die Rückenlehnen waren umklappbar, so dass Fahrgäste immer in Fahrtrichtung sitzen konnten. Die Einrichtung der Zweiten Klasse bestand aus Polstersitzen mit verstellbarer Rückenlehne; bezogen waren

Die 1992 neu entwickelten Doppelstockwagen prägen das Bild im Nahverkehr.

die Sitze mit orangefarbenem Plüsch mit dunklen Punkten. Eine spezielle Beeisungsanlage sorgte für Kühlung im Sommer.
Ein weiterer Vorteil war, dass mehr Fahrgäste mitgenommen werden konnten, besonders dann, wenn kleine Bahnhöfe mit kurzen Bahnsteigen angefahren werden mussten. 1978 wurden die Doppelstockwagen ausgemustert. Der letzte wurde vom Verein Lübecker Verkehrsfreunde übernommen.
In Görlitz wurde aber ein zweiteiliger Doppelstockwagen entworfen, dessen Teile durch ein gemeinsames Drehgestell verbunden waren. Je ein weiteres Drehgestell trug die Wagenkästen an den Stirnenden. Kastengerippe und Untergestell wurden nach modernsten Schiffbau-Prinzipien in Spantenbauweise aus Blechen und hochwertigen Stahlprofilen zusammengeschweißt. Für die Beschläge und die Einrichtung verwendete man dagegen weitgehend Leichtmetall. Eingesetzt wurden die Doppelstockwagen vor allem im S-Bahn- und Vorortverkehr. Im Volksmund wurden sie „Wendeei" genannt. Aufgrund der ab 1979 eingeführten beige-braunen Farbgebung der meisten Wagen (davor waren die Wagen in Grün lackiert) war auch die Bezeichnung „Senfdose" üblich.
Bis ins Heute ist die Erfolgsgeschichte der Doppeldecker aus Görlitz fortgeschrieben worden. Die 1992 neu entwickelte Generation moderner Doppelstockwagen prägen heute das Bild im Nah- und Regionalverkehr vieler deutscher Großstädte.

International anerkannt

Die Waggonbau AG Görlitz entwickelte sich aus der 1828 von Johann Christoph Lüders (1803-1872) gegründeten Wagenbau-Anstalt, die sich im Laufe der Jahre zum größten Betrieb der Stadt entwickelte. Schon 1869 arbeiteten dort 590 Angestellte. 1921 schlossen sich die zwei größten Görlitzer und ein Cottbuser Unternehmen zur WUMAG (Waggon- und Maschinenbau-Aktiengesellschaft) zusammen. Die Waggonbaufabrik stellte 1932 den ersten Schnelltriebwagen für die Deutsche Reichsbahn mit einer Reisegeschwindigkeit von 125 km/h und einer Spitzengeschwindigkeit von 160 km/h her.
Die WUMAG bestand bis 1945 allerdings nicht nur aus der Waggonproduktion, sondern besaß auch einen Betriebsteil, der Turbinen und U-Boot-Motoren herstellte. Die Erzeugnisse des Unternehmens erregten internationales Aufsehen und prägten die deutsche Eisenbahngeschichte mit. Zwischen 1945 und 1948 stand die WUMAG unter sowjetischer Führung. Dann wurde das Werk zum VEB Waggonbau Görlitz umgewandelt. Zur Wendezeit hatte das Werk 2000 Beschäftigte, heute sind es etwa 1350. Seit 1998 gehört es zum kanadischen Verkehrstechnik-Konzern Bombardier.

Der Perlonstrumpf

DIE DEUTSCHEN „NYLONS“

1938

„Wo Männer schönen Beinen nachschauen, ist es oft der Strumpf, der die faszinierende Wirkung auslöst." – So schwärmte eine Werbeanzeige aus den 50er Jahren für den Perlonstrumpf. Produziert worden war das Beinkleid aus der vollsynthetischen Faser erstmals 1938 im Werk Stollberg der Oberlungwitzer Firma Elbeo, nur wenige Monate nach der Erfindung der haltbaren Fäden durch den Chemiker Paul Schlack (1897-1987). Dieser war 1926 Leiter der Berliner Labors der Acetakunstseidenfabrik im Konzern IG Farben geworden und untersuchte Polyamid. Er hatte nach einem Verfahren gesucht, mit dem sich das amerikanische Patent von 1937 zur Herstellung synthetischer Fasern aus Polyamid – später bekannt unter der Bezeichnung „Nylon" – umgehen ließ.

Diesen voll synthetischen, reißfesten, leichten und elastischen Faden hatte Wallace Hume Carothers (1896-1937) im Auftrag des US-Unternehmens DuPont entwickelt. Schlack entdeckte nun, dass „Caprolactam" polymerisiert werden kann. „Caprolactam" wurde aus Steinkohlenteer gewonnen, unter hohen Temperaturen wird er zu Roh-Perlon polymerisiert, in geschmolzenem Zustand durch feine Düsen gepresst und erstarrt dann an der Luft zu festen Fäden. Gegenüber Nylon hatte Perlon dabei einen Vorteil: Aufgrund seiner chemisch anderen Struktur ließ sich der Perlon-Faden einfärben. Und Schlack weiß auch. wofür das Ganze gut ist: „So zum Beispiel für Strickwollen, Damen-Sportstrümpfe, Unterwäsche, Möbelstoffe, ferner für technische Artikel wie Förderbänder, Fischereinetze ..." Unter dem Codenamen „Perluran" – aus dem später die Bezeichnung Perlon entstand – wurde der Kunststoff während der Kriegsvorbereitungen Hitlers zum „militärisch wichtigen Material" erklärt. Während des Zweiten Weltkriegs wurde Perluran zur Herstellung von Fallschirmen, Borsten zur Reinigung von Waffen und in Flugzeugreifen verwendet.

Wesentlich friedvoller wurde das neue Material in Oberlungwitz genutzt. Nur wenige Monate nach seiner Entdeckung wurde der erste Versuchsstrumpf, wenig später die ersten technisch ausgereiften Damenfeinstrümpfe von Elbeo hergestellt. Dieses Unternehmen war 1741 gegründet worden und ist damit die älteste Strumpfmarke der Welt. Bereits

Caprolactam ist der Ausgangsstoff zur Herstellung von Perlon (1), Perlon läuft der Kunstseide den Rang ab (2), Spulmaschine (3).

1889 trugen die Strümpfe die Initialen des damaligen Eigentümers des Unternehmens Louis Bahner, kurz: L.B.O. 1906 wurde das Kürzel durch die phonetische Schreibweise ersetzt – die Geburtsstunde von ELBEO.

Doch musste erst die Damenwelt überzeugt werden. Die Strumpfhose wurde misstrauisch beäugt, sie galt als „Ersatz", als nicht vornehm, denn eine Dame von Welt trug Strümpfe aus Naturseide.

Da vermochte nur ein Wunder zu helfen – in Form der Werbung. Sie umhüllte den verachteten „Ersatzstoff" mit dem Glanz der großen Welt. Sie zeigte Filmstar-Beine in Kunstseidenstrümpfen und ersann Namen, in denen ein gewisses Etwas an Eleganz und weiblichem Charme mitklang. Damit erreichte man die modebewussten Frauen und nach dem Zweiten Weltkrieg begann der Siegeszug des vollsynthetischen Beinkleides.

Mit dem Ende der nationalsozialistischen Herrschaft war der Untergang des Perlon-Produzenten IG-Farben verbunden. Die Siegermächte lösten den Konzern auf. Führende Funktionäre der IG-Farben mussten sich vor einem amerikanischen Militärgericht in Nürnberg verantworten. Perlon-Fabriken wurden demontiert. Nylon-Strümpfe aus den USA beginnen ihren Siegeszug und werden auf dem Schwarzmarkt zur Ersatzwährung. In den fünfziger und sechziger Jahren erleben Produktion und Absatz von Nylon und Perlon in Westdeutschland enorme Steigerungsraten. Modische Kleidung aus preiswerten Synthesefasern – Strümpfe, Damenoberbekleidung, Hemden und Miederwaren – wird für breite Bevölkerungsgruppen erschwinglich und zu einem wichtigen Teil der Lebenswelt. Nylon und Perlon werden zum Mythos und Kennzeichen einer Epoche.

Streckvorrichtung (1), einer der ersten Vorkriegs-Perlonstrümpfe der L.B.O. (2), auf der Leipziger Messe 1977 (3), Dederon-Strümpfe um 1960 (4).

Die Teilung Deutschlands wirkt sich auch auf die Perlon-Produktion aus. Auf Druck des neu gegründeten Deutschen Warenzeichen-Verbandes muss die DDR den zunächst noch gesamtdeutschen Markennamen „Perlon" abgeben. 1959 erhält die Faser aus ostdeutscher Produktion den neuen Namen „DeDeRon". Die SED forciert unter der Losung „Chemie gibt Brot, Wohlstand und Schönheit" die Produktion von Kunstfasern und Kunststoffen. Die Planziele werden allerdings nicht erreicht.
Im Westen verdrängen seit Beginn der siebziger Jahre neue synthetische Fasern zunehmend Polyamid als Kleidungsstoff, Naturfasern erleben ein Comeback. Chemie- und Chemiefaserindustrie stehen im Zentrum der Kritik der neuen sozialen Bewegungen.

Textilmetropole Oberlungwitz

Dass gerade in Oberlungwitz die neue Faser für die Produktion von Damenstrümpfen eingesetzt wurde, war der Tradition der Strumpfindustrie in der Ortschaft im Chemnitzer Land zu verdanken. Bereits um 1830 wurde Oberlungwitz als eines der wichtigsten Industriedörfer bezeichnet, in dem über 200 Strumpfwirkermeister mit zahlreichen Gesellen und Lehrlingen arbeiteten. Nach der Weltausstellung in Chicago im Jahre 1873 begann der wirtschaftliche Aufschwung der Strumpfwirker im Raum Oberlungwitz, Hohenstein-Ernstthal und Chemnitz. 1880 kam es zu vielen Fabrikgründungen. 1924 kamen aus Oberlungwitz drei Viertel der gesamten Strumpfproduktion der Welt. Zu Beginn des Zweiten Weltkrieges gab es noch zehn Strumpffabriken.

Das Strahlverkehrsflugzeug

DER SUPERJET AUS DRESDEN

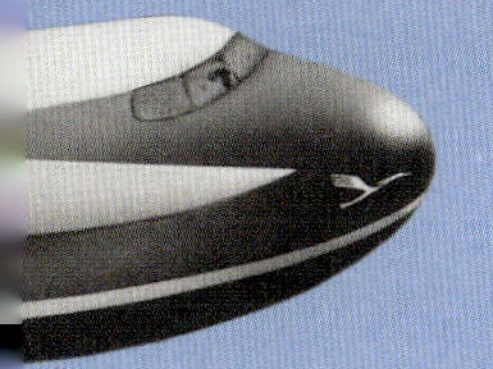

1958

Weiß treten die Knöchel an den Händen von Willi Lehmann hervor, so sehr umklammert er den Steuerknüppel. Auch Kurt Bemme neben ihm versucht alles, den Sturzflug abzufangen. Hinter ihnen starren die Ingenieure Paul Heerling und Georg Eismann entsetzt auf ihre Instrumente. Doch sie sind machtlos. Ihr Flugzeug bohrt sich in einen Acker bei Ottendorf-Okrilla. Alle vier sind sofort tot.

Sie waren am 4. März 1959 um 12.56 Uhr vom Flughafen Dresden-Klotzsche mit der 152 V1 gestartet, dem ersten vierstrahligen Düsenverkehrsflugzeug deutscher Produktion. Es war der zweite Flug – und sollte der letzte sein.

Als krönender Abschluss dieses Testfluges war ein „film- und fotoreifer" Überflug des Flugplatzes mit eingefahrenen Klappen und Fahrwerk vorgesehen. Die Pressefotografen sollten den „Triumph der DDR-Volkswirtschaft" gebührend festhalten können.

Um die geplante Überflughöhe von hundert Metern zu erreichen, war ein zehnminütiger Sinkflug vorgesehen. Doch gelang es dem Flugkapitän nicht, die Maschine abzufangen und die Triebwerke zügig hochzufahren. Die Belastungsgrenzen von Triebwerk, Tanks und Material waren nur unzureichend bekannt ... Um 13.51 Uhr endet nur wenige Kilometer vom Rollfeld entfernt der Testflug des ersten deutschen mit Strahlentriebwerken ausgestatteten Passagierflugzeugs in einer hochaufsteigenden Rauchwolke. Der Absturz der „152" ist der tragische Schlusspunkt einer durchaus zukunftsträchtigen technischen Entwicklung.

Aus der Traum vom Fliegen. Die Geschichte des DDR-Flugzeugbaus hatte im Jahr 1954 begonnen. Walter Ulbricht gab den Startschuss zu einer der ehrgeizigsten Unternehmungen der noch jungen DDR: Volkseigene Flugzeugzeugbauer sollten einen supermodernen Düsen-Jet „made in GDR" bauen. Bei der Standortwahl konzentrierten sich die Verantwortlichen auf das vergleichsweise hoch entwickelte und weit genug von der westlichen Landesgrenze gelegene Sachsen. In Dresden (Verkehrsflugzeuge), Lommatzsch (Segelflugzeuge) und Pirna (Triebwerke) sollte der neue Industriezweig seine Zentren erhalten. Die Staatsführung hoffte auf internationales Prestige und wirtschaftlichen Aufschwung,

Endmontage des Passagierflugzeugs „152".

nicht zuletzt auf Devisen. Die Hamburger Zeitung **Die Welt** sprach verblüfft gar von einem „Wirtschaftswunder aus Dresden".

Man setzte auf den Stolz und Enthusiasmus der etwa 5000 Flugzeugbauer, die 1946 in einer Nacht- und Nebelaktion gemeinsam mit ihren Familien in die Sowjetunion verschleppt worden waren, um in geheimen Konstruktionsbüros ihr technisches Wissen den Sowjets zu übereignen. Im Juli 1954 hatten sie zurückkehren dürfen.

Als Basis diente ein russischer Bomber vom Typ 150. 1957 begann man mit der Vorkonstruktion. Bereits am 30. April 1958 erfolgte der Roll-out des ersten fertigen Flugzeuges. Die „152" sollte als äußerst schnelles Flugzeug im Mittelstreckenverkehr eingesetzt werden. Die Maschine hätte 48 bis 72 Passagiere bis zu 3.000 Kilometer weit mit einer maximalen Reisegeschwindigkeit von 850 km/h befördern können.

Doch der Absturz der 152 beschleunigte nur, was wahrscheinlich ohnehin stattgefunden hätte. Die Sowjets stornierten im Juni 1959 die Abnahme der „152". Eigentlich hatten sie Interesse an hundert Maschinen bekundet. Der Rückzieher kam nicht ohne Grund. Seit einiger Zeit flog die Tu-104 als erstes sowjetisches Verkehrsdüsenflugzeug – ein Abkömmling der militärischen Tu-16.

Moskau hatte damit dem DDR-Flugzeugbau die wirtschaftliche Basis entzogen, und nach Westen war Ostberlin längst politisch isoliert. Am 28. Februar 1961 beendet das SED-

Politbüro das euphorische Flugzeugprogramm der DDR. In Erinnerung bleibt aber die tödlich verunglückte Besatzung der „152", auf deren gemeinsamer Grabstätte auf dem Klotzscher Friedhof zu lesen ist: „Ihr Leben diente dem technischen Fortschritt."

Das erste Düsenflugzeug der Welt

Die Geschichte der „152" begann mit der Entwicklung des Düsenstrahlantriebs, einer Erfindung von Hans-Joachim Pabst von Ohain (1911-1998). Bereits während seines Studiums Mitte der 30er Jahre suchte er nach einem neuen Antriebssystem für Flugzeuge. Das bis dahin verwendetete System von Kolbenmotor und Luftschraube verursachte sowohl starke Vibrationen als auch enorme Geräusche. Er forschte für den Flugzeugkonstrukteur Heinkel und entwickelte das Strahltriebwerk. Dies besteht aus den Komponenten Laufrad, Verdichter, Brennkammer, Turbine und Schubdüse. Das Laufrad verdichtet die angesaugte Luft, die anschließend in der Brennkammer erwärmt wird. Durch die Expansion in der Brennkammer strömt die Luft durch die Turbine und Schubdüse hinaus. Die Antriebsleistung für den Verdichter wird in der Turbine erzeugt, die restliche Energie des Luftstrahls wird durch die Düse zum Vortrieb benutzt.
Am 27. August 1939 hob die Heinkel He-178 vom Flugplatz Rostock-Marienehe ab. Es war das erste Düsenflugzeug der Welt.

Der Rumpf der „152" lag achtlos jahrzehntelang in Rothenburg, Aufnahme 1995.

Der Kleinstrechner

RECHENAUTOMAT FÜR DEN TISCH

1963

Was soll das? „Die Kybernetik ermöglicht als interdisziplinäre Wissenschaft, komplexe Probleme aus unterschiedlichsten Anwendungsbereichen mit denselben mathematischen Methoden zu lösen." Mit dieser Definition konnte die politische Führung der DDR in den sechziger Jahren nichts anfangen. Kybernetik, so wurde Nikolaus Joachim Lehmann beschieden, sei eine „reaktionäre Pseudowissenschaft". Was half es da, wenn der Mathematiker heraushob, mit dieser Disziplin ließen sich beispielsweise die Produktionsprozesse in einer Fabrik verbessern.

Lehmann (1921-1998) war einer der führenden Köpfe der Informatik, lange bevor der Begriff entstand. Er war einer der wichtigsten – wenn nicht der herausragende – Wegbereiter des effizientesten Arbeitsgerätes der Gegenwart: des Personal Computers (PC). Dennoch ist seine Arbeit außerhalb von Fachkreisen so gut wie unbekannt. Die Idee für seinen 1962 gebauten Kleinrechner D4a – das D steht für Dresden – hatte Lehmann schon in den fünfziger Jahren. Er wollte als Mathematiker einen Rechner, der bei jedem Ingenieur auf dem Schreibtisch stehen sollte.

Von 1953 an legte Lehmann an der damaligen Technischen Hochschule Dresden als Professor und Gründungsdirektor des Institutes für maschinelle Rechentechnik die Grundlagen einer frühen Computer-Architektur. Er hatte ähnlich wie der Computer-Pionier Konrad Zuse (1910-1995) mit dem Bau großer Röhrenrechner begonnen. Zuse hatte das Computer-Zeitalter eingeläutet, als er am 12. Mai 1941 in Berlin seinen funktionsfähigen, programmgesteuerten und frei programmierbaren Rechner vorstellte.

Lehmann löste sich dann als erster Computerforscher der Welt vom Konzept zentraler Großrechenanlagen. Sein D4a, der „Rechenautomat auf dem Tisch", arbeitete mit 200 Transistoren und 1.500 Halbleiterelektroden. Mit den Abmessungen 60x45x42 Zentimeter war er nicht größer als ein Fernseher.

Lehmann wollte in der weltweiten Entwicklung der Informatik mitrudern. Das gelang ihm auch anfangs. Sein Institut stand nicht hinter den Vorzeige-Einrichtungen im Westen wie Darmstadt oder München zurück.

Doch seiner Entwicklung war keine große Zukunft beschert. Das Gerät wurde als Bürocomputer „Cellatron" in einer Auflage von 3.000 Exemplaren hergestellt.
Die staatliche Industrieplanung hatte entschieden, seine revolutionäre Idee nicht weiter zu verfolgen und statt dessen dem internationalen Trend zum Großrechner nachzueifern. Lehmann zog sich aus der praktischen Computertechnik zurück und konzentrierte sich in den folgenden Jahren auf Forschung und Lehre auf dem Gebiet der Kybernetik. An der TU Dresden war er bis zu seiner Emeritierung 1986 Leiter des Bereichs Mathematische Kybernetik und Rechentechnik. Es ist seinem Engagement zu danken, dass auch in der DDR die Kybernetik als wissenschaftliche Disziplin anerkannt wurde.

Auch ein Rekord: Der Politprominenz mit Erich Honecker an der Spitze (3. von rechts) wird 1988 der „erste begehbare Chip der Welt" im Größenverhältnis 1:300 vorgestellt.

Mikroelektronik-Zentrum Dresden

Dresden hat sich nach der Wende in nur wenigen Jahren zum Mikroelektronik-Zentrum in Europa gemausert. Der Aufstieg zur Chipmetropole ist – trotz aller Beschränkungen und Mängel – schon in DDR-Zeiten gelegt worden.
1961 nahm die „Arbeitsstelle für Molekularelektronik" (AME) mit dem bekannten Physiker Werner Hartmann (1912-1988) an der Spitze von sieben Mitarbeitern ihre Arbeit auf. Mehrmals den Namen ändernd, entwickelte sich dieses Institut im Laufe der Jahre zum

Mittelpunkt des Produktions- und Innovationssystems der Halbleiterindustrie der DDR. Allein von 1961 bis 1970 erhöhte sich die Anzahl der Beschäftigten von 8 auf 600. Charakteristisch für die Mikroelektronik in der DDR war der permanente Rückstand zum Weltmarkt, der sich je nach wirtschaftspolitischer Ausrichtung der SED-Führung eher vergrößerte als verringerte. Erst 1977 wurde der Beschluss gefasst, die Entwicklung in den Bereichen analoge Schaltkreise, digitale Halbleiterspeicher und Mikroprozessoren voranzutreiben.

Zwischen 1986 und 1988 investiert die DDR-Führung elf Milliarden Ost-Mark, um „bei der Entwicklung mikroelektronischer Bauelemente an der Weltspitze mitzuhalten" und sich von Importen aus dem Westen unabhängig zu machen. Mehr als eine Viertelmillion Menschen arbeiten in diesem Bereich. In Erfurt entsteht das Kombinat Mikroelektronik Karl Marx für Speicher und Mikroprozessoren. Carl Zeiss Jena soll Anlagen für Entwicklung und Produktion liefern. Robotron in Dresden ist Hauptabnehmer der Chips, die seine Maschinen steuern sollen. Später baut Robotron die DDR-PCs KC 85-1 bis 3.

Den DDR-Forschern gelang Ende der Achtziger mit dem Ein-Megabit-Chip ein letzter wissenschaftlicher und propagandistischer Erfolg. Zwar auf dem Westmarkt nicht konkurrenzfähig, hatten die Sachsen die technologische Glanzleistung vollbracht, selbstständig ein Labormuster zu entwickeln. Doch der Chip diente nur als Prestige-Objekt, weil das Land finanziell überhaupt nicht in der Lage war, die Neuheit in Serie zu produzieren. Am 12. September 1988 war der Chip in Ost-Berlin präsentiert worden. 35 eng beschriebene Schreibmaschinenseiten: So viel konnte er speichern. Ein paar hundert dieser Schaltkreise hatte das „Forschungszentrum für Mikroelektronik" in Dresden, kurz ZMD, hergestellt. Darauf ruhten große Hoffnungen. Seit den 70er-Jahren kamen vor allem der Maschinenbau und die feinmechanisch-optische Industrie nicht voran, weil viele elektronische Komponenten veraltet waren. Der Hoffnungsträger war 260 Gramm schwer, sieben Zentimeter hoch, wie im Deutschen Museum in Bonn nachzumessen ist. „Der erste begehbare Chip der Welt", wurde gespottet. Aber er funktionierte. Zusammen mit dem 32-Bit-Prozessor, an dem im Kombinat Mikroelektronik „Karl Marx" in Erfurt gewerkelt wurde, sollte der Speicher der DDR-Industrie wieder Schwung geben.

Ganz vergeblich waren die Anstrengungen der DDR jedoch nicht. Zwar gingen die Kombinate unter, Zigtausende Menschen verloren ihre Jobs. Aber auf ihrer Tradition entstanden neue Unternehmen, und High-Tech-Konzerne wagten sich in gerade nach Dresden. Hier war der Boden für den Aufschwung der Halbleiterindustrie bereitet: gut ausgebildetes Personal entlang der gesamten Produktionskette – von Forschungseinrichtungen und Werkstofftechnik über Chipdesign bis hin zur Prozesstechnik.

Der Humusersatzstoff Novihum

DIE WÜSTE GRÜNT

1993

Wie unterscheidet man zwischen einer Fata Morgana und einer Wüstenoase? Im entscheidenden Augenblick fällt das sehr schwer. Wissenschaftler des Institutes für Pflanzen- und Holzchemie an der TU Dresden in Tharandt haben sich deshalb gemeinsam mit dem Forschungsinstitut für Bergbaufolgelandschaften in Finsterwalde aufgemacht, mehr Oasen zu schaffen. Sie entwickelten 1993 einen Humusersatzstoff, den sie Novihum nannten. Der begrünt inzwischen im Emirat Abu Dhabi einen Wüstenstandort mit Hibiskus, Hanfpalmen und Bermudagras.

Weltweit sind rund zwei Milliarden Hektar Ackerland von Wüstenbildung betroffen. Fünf Millionen weitere Hektar kommen jedes Jahr dazu. Die Bevölkerungszahlen wachsen und es fehlen zunehmend Ackerflächen. Zahlreiche Bewässerungs- und Aufforstungsprogramme halten die Verwüstung nicht auf, denn meistens fehlt den Pflanzen der Humus. Da aber prinzipiell jeder Boden Nährstoffe und organische Substanzen hat, die das Wachstum von Pflanzen ermöglichen, benötigt man zur Rekultivierung Humusersatzstoffe und Langzeitdünger. Diese sollten auch bei widrigsten Bodenverhältnissen eingesetzt werden können.

Die Diplomchemiker Falk Liebner und Rainer Schiene trugen maßgeblich dazu bei, dass in Tharandt ein Humusersatzstoff entwickelt wurde. Die Herstellung von Novihum erfolgt nach einem patentierten Verfahren ausgehend von Braunkohle und Abfallstoffen der Zellstoffherstellung. Das schwarze Granulat gibt in drei zeitlich gestaffelten Prozessen Stickstoff ab. Über drei bis vier Jahre wirkt Novihum so als Langzeitdünger und trägt zur natürlichen Humifizierung des Bodens bei, die im Normalfall bis zu hundert Jahre benötigt. Entscheidend dafür ist ein Stoff namens Lignin, der Sauerstoff gut bindet und über mikrobiologische Prozesse den für die Pflanzen wichtigen Stickstoff freisetzt.

Einsetzen lässt sich Novihum zum Beispiel zur Rekultivierung von Bergbaugebieten, zur Sanierung von Problemstandorten, zur Wiederbewaldung und Aufforstung, zur Urbarmachung von Wüstengebieten. Auch im Zierpflanzenbau oder etwa der Rollrasenprodukion lässt sich Novihum einsetzen.

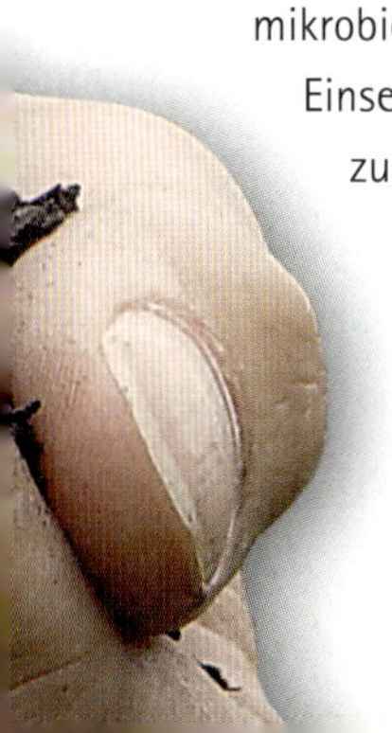

Die Wüste soll wieder leben – wenn es nach sächsischen Forschern geht.

So wurden mit Hilfe dieser Erfindung in Deutschland bereits Tagebauflächen rekultiviert. In Griechenland konnte ein ehemaliges Bergwerksgelände bepflanzt werden. Ein besonders interessantes Versuchsfeld liegt im Emirat Abu Dhabi. Trotz des sehr salzigen Sandbodens und einer Bodentemperatur von 60° Celsius entwickeln sich Hibiskus, Hanfpflanzen und Bermudagras prächtig. Weitere Versuchsfelder liegen in China und Thai land.

Das Bundesministerium für Bildung und Forschung war von dieser Entwicklung derartig angetan, dass es im Jahr 2000 den Bau einer Pilotanlage zur Herstellung von Novihum förderte. Die Niederlausitzer Sanierungsgesellschaft mbH in Großräschen hat 2003 die Technologiepatente von der TU Dresden übernommen und hat Ende 2007 eine Großanlage mit einer Jahreskapazität von 15.000 Tonnen in Betrieb genommen.

Nährstoffquelle

Die Herstellung von Novihum (novel artificial humus and long term fertilizer) erfolgt in einer Art beschleunigter natürlicher Humusbildung aus Weich-Braunkohle und Abfall der Zellstoffproduktion. Ähnlich wie natürlicher Humus enthält Novihum rund fünf Prozent Stickstoff. Durch die zeitlich gestaffelte Freisetzung kann der Stickstoffgehalt des Düngemittels wesentlich besser ausgenutzt werden. Das erhöht die Pflanzenerträge, erst so ist eine erfolgreiche Urbarmachung möglich. Novihum wirkt gleichzeitig als Nährstoffquelle und Nährstoffspeicher. So wird die Nährstoffauswaschung ins Grundwasser verringert, was wiederum zu einer geringeren Belastung der Gewässer führt.

www.novihum.de

Der FCKW-freie Kühlschrank

DER GRÜNE DAVID

1993

Da gab es in der Jury keine gegenteilige Meinung: Der Deutsche Umweltpreis 1993 sollte an eine kleine Firma aus dem sächsischen Niederschmiedeberg verliehen werden. „Der FORON Hausgeräte GmbH mit ihrem Geschäftsführer Eberhard Günther", so hieß es in der Begründung, „ist es gelungen, den weltweit ersten FCKW- und FKW-freien Kühlschrank zu entwickeln und gegen zum Teil erheblichen Widerstand großer Elektrohaushaltsgerätehersteller auf den Markt zu bringen."

Eine unglaubliche Geschichte. Im Frühjahr 1992 sucht die Treuhandanstalt vergeblich einen Käufer für die Deutsche Kühl- und Kraftmaschinen GmbH (dkk) Scharfenstein, die aus dem ehemals volkseigenen Kühlschrankwerk hervorgegangen war. Schließlich ordnet sie die Liquidation an. Die Angst um die nackte Existenz im Nacken bringt die Sachsen aus dem Erzgebirge auf eine Idee. Während die Liquidation läuft, entwickeln sie mit Hilfe der Umweltschutzorganisation Greenpeace einen Kühlschrank, der als Kühlmittel ein FCKW- und FKW-freies Gemisch verwendet. Das neu entwickelte Gerät kühlt mit den Naturgasen Butan und Propan. Dabei waren gerade einmal 20 Gramm nötig – kaum mehr als zwei Feuerzeugfüllungen. FCKW-frei bedeutete aber nicht nur ein neues Kältemittel zu finden, sondern auch den zur Isolierung verwendeten Polyurethanschaum ohne FCKW aufzuschäumen.

Professor Harry Rosin vom Hygieneinstitut Dortmund hatte dieses Prinzip entwickelt. Bei den großen deutschen Haushaltgeräteherstellern war er damit abgeblitzt. Da versuchte er es bei dkk.

Wenige Monate später wird die neue dkk-Zauberbox der Öffentlichkeit vorgestellt. Der „Öko-Pionier" aus dem Osten wird als Sensation gefeiert. Greenpeace steckt 50.000 Euro in eine Anzeigenkampagne. Innerhalb von nur vier Wochen gehen 65.000 Vorbestellungen ein. Mit der Foron GmbH, hinter der ein britischer Investmentfonds steht, gibt es schließlich sogar einen Käufer. Die Liquidation wird gestoppt. Im November 1992 wird dkk gemeinsam mit dem Schwarzenberger Waschmaschinenwerk (S. 104) an Foron verkauft. Am 15. März 1993 läuft der erste **Greenfreeze** vom Band. Die Geräte sind leiser, weniger anfällig und billiger, außerdem brauchen sie weniger Energie als die Konkurrenz-Produkte. Doch die Freude darüber währt nicht lange. Die großen deutschen Haushaltsgerätehersteller fühlen sich düpiert. Sie hatten sich gerade verpflichtet, ab 1994 auf den Ozon-Killer FCKW zu verzichten und als Ersatz einen Fluorkohlenwasserstoff (FKW) als Kühlmittel zu verwenden. Die FCKW waren in Industrieländern ab 1987 verboten. So hatte die Chemieindustrie nach einer „Lösung" gesucht: Statt der in Verruf geratenen FCKW brachte sie Ende der 80er Jahre die FKW (Fluorkohlenwasserstoffe) auf den Markt. Der „Vorteil" für Chemiefirmen: Sie hatten für diese Stoffe eine Monopolstellung auf die Herstellung und Lieferung von jährlich bis zu einer Million Tonnen Kälte-, Isolier- oder Trennmittel. Das brachte ihnen jährlich Einnahmen in Milliardenhöhe. Die FKW enthielten zwar kein Ozon zerstörendes Chlor mehr, verstärken aber (wie schon die FCKW) den Treibhauseffekt und somit den Klimawandel: Ihr Treibhauspotenzial beträgt ein Mehrtausendfaches von Kohlendioxid (CO_2). Trotz dieser Gefahr wurden die FKW von der Kühlgeräte-Industrie übernommen.

Als der „grüne David" aus Sachsen aufmuckte, wehrten sich die Riesen auf ihre Weise. AEG, Bauknecht, Bosch, Electrolux, Liebherr, Miele und Siemens schrieben einen Brief an 17.000 Händler. Sie rieten davon ab, das Foron-Gerät zu ordern. Es tauge nichts, habe schlechte Energiewerte und könne gar explodieren. Harry Rosin: „Als wir nachwiesen, dass unsere Kühlschränke um bis zu 18 Prozent bessere Energiewerte als die der Konkurrenz ausweisen, war der Protest vom Tisch."

Kein Jahr nach der Vorstellung des Konzepts durch Greenpeace und dkk/Foron wurde der Durchbruch offensichtlich: Die größten deutschen Hersteller boten selbst ihre ersten Greenfreeze-Modelle an. Nach dem anfänglichen erbitterten Widerstand hatten sie die Notwendigkeit und den Nutzen eines weiteren Umstiegs eingesehen. Dann ging es zügig voran, so dass Deutschland bald das erste Land war, in dem alle einheimischen Hersteller ihre Produktion umgestellt hatten – innerhalb von nur einem Jahr.

Inzwischen haben die führenden Hersteller in Europa, Asien und Australien die Technik übernommen. Letzte erbitterte Gegner sind die USA, da die dortige Industrie FKW nicht aufgeben will. Der Klimakiller FKW wird nämlich in den USA auch in Klimaanlagen für Autos oder in Kühlgeräten für Supermärkte eingesetzt.

Die grünen Revoluzzer aus dem Erzgebirge konnten sich nicht lange an ihrem Erfolg erfreuen. Die Foron Hausgeräte GmbH stellte 1995 die Kühlschrankproduktion ein und ging am 15. März 1996 in die Gesamtvollstreckung. Nach einer längeren Odyssee liegen die Rechte an der Marke Foron inzwischen beim italienischen Unternehmen Merloni. Die unter der Marke Foron vertriebenen Haushaltsgeräte stammen also aus Italien.

Noch fünfzig Jahre FCKW

Eine britische Forschungsgruppe stellte erstmals in den 70er Jahren dramatische Ozonverluste in der unteren Stratosphäre über der Antarktis fest. Als Auslöser wurde der Fluorchlorkohlenwasserstoff ausfindig gemacht. Die erste globale Verständigung zur Begrenzung der FCKWs bestand in der Unterzeichnung des Protokolls von Montreal im Jahre 1987. Es wurde Einvernehmen erzielt, die industrielle Produktion vieler Halogen-Kohlenstoffe bis 2030 zu kontrollieren.

Die Staaten der Europäischen Union hatten sich noch stärkere Restriktionen auferlegt, als vom Protokoll von Montreal verlangt wurden. Bis zum Jahr 1995 wurde die FCKW-Produktion gänzlich eingestellt.

Auf Grund ihrer langen Lebensdauer wird es noch etwa 50 Jahre dauern, bis die freigesetzten FCKW aus der Stratosphäre entfernt sind und sich in der Ozonschicht wieder ein stabiles Gleichgewicht einstellt.

Das Ozonloch über dem Südpol brach am 24. September 2006 nach Angaben der US-Raumfahrtbehörde NASA alle Rekorde. Mit 27,45 Millionen Quadratkilometern war es so groß wie nie zuvor (unser Foto). Damit erreichte das Ozonloch in etwa die Fläche der USA und Russlands zusammen. Es war damit mehr als drei Millionen Quadratkilometer größer als erwartet.

In der Höhe zwischen 13 und 21 Kilometer war fast das gesamte Ozon zerstört. Dies hängt mit den hohen Konzentrationen von Ozon verringernden Substanzen und den Rekord-Kälte-Temperaturen in der Stratosphäre über dem Südpol zusammen. Messungen hatten ergeben, dass die durchschnittlichen Temperaturen dort Ende September etwa um fünf Grad Celsius niedriger waren als im langjährigen Mittel.

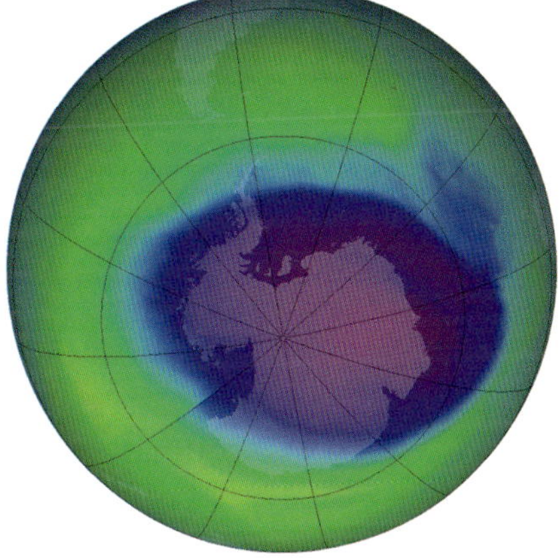

ozonewatch.gsfc.nasa.gov

Der 3D-Bildschirm

BILDER WACHSEN AUS DEM DISPLAY

1996

Das Bild vom Herz schwebt mitten im Raum. Eine Mikrokamera filmt durch ein Loch im Brustkorb direkt im Körper des Patienten. Bei der Operation ruhen die Augen des Arztes auf einem 3D-Bildschirm, während er mit den Operationsinstrumenten hantiert. Nicht zu vergleichen mit einem flachen Kamerabild. Man kann genau erkennen, welche Struktur vor der anderen liegt und wie tief die einzelnen Teile sind. Nicht nur Organe, auch Zellen oder einzelne Moleküle können Mediziner mit 3D-Bildschirmen erheblich besser untersuchen.

Räumliches Sehen ohne zusätzliche Hilfsmittel wie zum Beispiel 3D-Brillen – wie funktioniert das? Um dreidimensional sehen zu können, benötigt das Auge je ein separates Bild - für das rechte und das linke Auge. Bei dem an der TU Dresden entwickelten Monitor werden deshalb gleichzeitig zwei Bilder projiziert, um das 3D-Bild zu erreichen. Theoretisch müsste man aber den Kopf so lange hin und her bewegen, bis die Bilder korrekt zu den Augen ausgerichtet sind und dann dürfte der Betrachter seinen Kopf nicht mehr als einige Zentimeter bewegen, um den Effekt aufrecht zu erhalten. Um das zu verhindern, haben die Monitore eine eingebaute Tracking-Funktion, die das Display so mit den Augen des Anwenders synchronisiert, dass es die Bilder auf das jeweils richtige Auge projiziert. Durch die getrennte Wahrnehmung der beiden Bilder entsteht für das menschliche Auge der räumliche Eindruck. Ergebnis: Die Objekte scheinen im Raum zu schweben.

Auf diesem autostereoskopischen Bildschirm lassen sich 3D-Bilder ohne zusätzliche Hilfsmittel wie Filter oder Stereobrillen betrachten. 1996 stellte ein Forscherteam unter Leitung von Dr. Armin Schwerdtner den ersten Prototypen eines 3D-Displays vor. Im Jahr 2000 aus der Uni als „Dresden 3D" ausgegründet, liefern die Dresdner nach zwischenzeitlichen Schwierigkeiten seit 2002 unter dem Namen „SeeReal" auf dem sich entwickelnden Markt der 3D-Displays die wohl fortgeschrittenste Technologie für Einzelbetrachter – bei Display-Preisen um die 8.000 Euro allerdings noch kein Massenprodukt. Außer Ärzten setzen auch Militär, Flugschüler und -lotsen sowie Kartographen auf die neuartige Technik.

Der 300-Millimeter-Wafer

SIZILIUMSCHEIBE IM PIZZAFORMAT

1999

Wo ist es 10.000 Mal sauberer als in einem Operationssaal? Im so genannten Reinstraum einer Fabrik für Mikrochips. Wer hier arbeitet, muss in dem typischen Bunny-Anzug mit Gesichtsmaske herumlaufen, einen Spezialanzug tragen, der auch noch das letzte Stück Haut bedeckt, darf nicht niesen und nicht husten. Deo, Rasierwasser und Kosmetika sind tabu, Raucher werden gar nicht erst eingestellt. Die Menschen bewegen sich sehr langsam. Sechsmal pro Minute wechselt und reinigt eine spezielle Anlage die Luft. Man möchte weniger als ein Staubteilchen auf eine Million Luftteilchen haben. Nur unter solchen Bedingungen lässt sich der wohl komplexeste aller technischen Bausteine herstellen: der Mikrochip. Dies ist eine ein bis zwei Zentimeter große Siliziumscheibe, auf der bis zu zehn Millionen Transistoren Platz haben. Die Transistoren sind die kleinsten Schalteinheiten des Computers, die rechnen und speichern können. Die hochempfindlichen Mikrochips bilden das Herzstück jedes rechengesteuerten elektronischen Geräts, wie zum Beispiel eines Computers. Der ist nichts anderes als eine sehr komplexe Rechenmaschine, die allerdings jede Information – ob Buchstaben, Zahlen oder Bilder – zuerst in ihre eigene Sprache übersetzen muss. Diese Computersprache besteht aus Bits, der kleinsten Informationseinheit auf einem Rechner, wobei jedes Bit entweder den Wert Null oder den Wert Eins hat. Eine Aneinanderreihung von Bits kann jede beliebige Information darstellen. Dieser binäre, das heißt, nur aus zwei Werten bestehende, Code ist die Grundlage der gesamten digitalen Welt. Der Herstellungsprozess eines Mikrochips umfasst mehr als 400 Arbeitsschritte und dauert zehn Wochen. Bei jedem Schritt muss mit einer extremen Zuverlässigkeit gearbeitet werden, damit der fertige Chip eine Gesamtzuverlässigkeit von mehr als 90 Prozent erreicht.

Die Chips werden allerdings nicht einzeln hergestellt, sondern im sogenannten Waferverband. Ein Wafer ist eine dünne, kreisrunde Scheibe aus Silizium. Bei der Fertigung der ersten integrierten Schaltkreise waren es gerade 75 Millimeter Durchmesser gewesen, dann wurde er auf 200 Millimeter erhöht. Bis sich im Januar 1998 die Chip-Hersteller Infineon (damals noch Siemens-Halbleitersparte genannt) und Motorola in Dresden entschlossen, gemeinsam die Wafer auf Pizza-Größe auszudehnen. Denn die so gewonnenen 100 Millimeter mehr bringen erhebliche Vorteile: Im Vergleich zu den bisher üblichen 200mm-Wafer besitzen 300mm-Wafer eine 2,25-fach größere Fläche. Da weniger Verschnitt entsteht, können etwa 2,4-mal so viele Chips gleicher Größe auf einem 300mm-Wafer untergebracht werden als auf den kleineren Siliziumscheiben. Zudem ist die Herstellung eines einzelnen 300mm-Wafer-Bausteins um etwa 30 Prozent billiger als bei den 200mm-Wafer-Bausteinen. Man braucht 40 Prozent weniger Energie und Wasser pro Chip als in einer 200mm-Waferfabrik. Dagegen ist die Verarbeitung von 300mm-Wafern erheblich aufwendiger als die der kleineren Siliziumscheiben. Die 300mm-Wafer verformen sich leichter und müssen daher mit mehr Aufwand eingespannt werden, um bei immer kleiner werdenden Halbleiterstrukturen den für die Belichtung notwendigen Anforderungen an die Präzision zu entsprechen.

In bis zu zwanzig Arbeitsgängen wird ein Wafer zunächst mit einem extrem lichtempfindlichen Fotolack beschichtet. Die Belichtung mit speziellem Licht bildet dann die in diesem Arbeitsgang aufzubringende Struktur auf den Wafer ab. So wie nach dem Entwickeln einer Fotografie unbelichtetes Silber ausgewaschen wird, wird nicht benötigtes Material zwischen den metallisierten Leiterbahnen weggeätzt. Etliche sogenannte Dotierungsschritte, bei denen das Silizium mit kleinen Partikeln beschossen wird, erzeugen gezielte Verunreinigungen in der Kristallstruktur, aus denen sich später der Halbleitereffekt ergibt. Bevor der nächste Arbeitsgang eine weitere Transistorebene aufbringt, wird die Isolationsschicht zwischen den Leiterbahnen glatt geschliffen; für eine hohe Genauigkeit dieses Polierganges sorgt ein kombiniertes chemisch-mechanisches Verfahren, dessen Details zu den besser bewachten Geheimnissen gehören. All diese Arbeitsschritte wurden im Dresdner Norden beherrscht, so dass Spezialisten in den Hightech-Labors die große Scheibe bis zur Produktionsreife brachten. Im Februar 1999 war es dann so weit: Die ersten voll funktionsfähigen Chips auf einem 300mm-Wafer aus der Dresdner Pilotfertigung waren entstanden.

Entwicklungen, die immer mehr ins Winzige gehen, verlangen allerdings immer riesigere Investitionen. Der einzelne Erfinder – auf diesem Gebiet unvorstellbar. So musste allein Infineon rund 1,1 Milliarden Euro in die 300-Millimeter-Technologie investieren. Im Frühjahr 2006 zog der benachbarte Konkurrent AMD nach. Mit einer Gesamtinvestition von 2,5 Milliarden US-Dollar wird die 1999 in Betrieb genommene 200mm-Fabrik für die Produktion mit 300mm-Wafern umgerüstet. Noch ist längst nicht die gesamte Chipbranche auf die Verarbeitung von 300mm-Wafer umgestiegen, da wird schon an der nächsten Generation gearbeitet: Bis 2012 soll der 450mm-Wafer kommen.

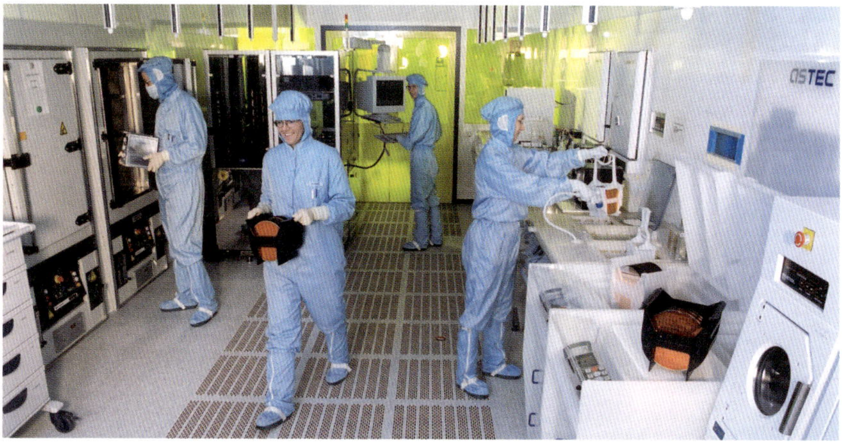

Im Reinstraum einer Chip-Fabrik.

Silicon Saxony

„Silicon Saxony" nennt sich ein Verein in Dresden, der sich als Netzwerk der sächsischen Mikroelektronik-, Halbleiter- und Photovoltaikindustrie versteht, die insbesondere im Raum Dresden und Freiberg angesiedelt ist. Hier haben sich 280 Mitgliedsfirmen mit etwa 35.000 Menschen zusammengeschlossen.

Der Begriff Silicon Saxony hatte sich bereits vor der Vereinsgründung im Jahre 2000 in Anlehnung an das kalifornische Silicon Valley, dem bekanntesten Halbleiter- und Computerstandort der Welt, etabliert. Inzwischen ist damit aber fast immer der Branchenverband und nicht mehr die Region in Sachsen gemeint.

Wafer

Als Wafer (engl. „Scheibe") wird in der Halbleiterindustrie und Mikromechanik die kreisrunde, wenige 100 µm dicke Scheibe bezeichnet, auf der elektronische Bauelemente, vor allem integrierte Schaltkreise oder mikromechanische Bauelemente, durch verschiedene technische Verfahren hergestellt werden.

Die 3D-Marskarte

DEN ROTEN PLANETEN MODELLIEREN

Kasei Valles ist eines der größten Talsysteme: 500 Kilometer breit und 2.500 Kilometer lang.

2005

Der Mars hat die menschliche Fantasie stets beflügelt. Die Erkenntnisse bisheriger Marsmissionen lassen den Schluss zu, dass der Mars vor einer Klimaveränderung vor etwa 3,5 Milliarden Jahren ein warmer und feuchter Planet war. Man erhofft sich Parallelen zur Erde herstellen zu können, um zu Aussagen über die langfristige Entwicklung unseres Planeten zu kommen.

Die europäischen Staaten hatten deshalb 2003 mit der Marx Express Mission ein großes Forschungsvorhaben gestartet, das bis Ende 2007 lief. Das Hauptinteresse galt dabei einer hochauflösenden Kartierung der Marsoberfläche. Dazu war eine der modernsten Kameras der Welt an Bord der Mars Express-Sonde, die Bilder in bislang nicht gekannter höchster Auflösung lieferte. Die Daten, die diese Kamera erfasste, wurden zur Erde geschickt und ausgewertet. Der Mars kann mit diesen Daten vermessen werden.

Ziel des Kameraexperiments war die vollständige Abdeckung der Marsoberfläche, die mit 145 Millionen Quadratkilometern etwa so groß ist wie die aller Kontinente der Erde, in einer Auflösung von wenigstens 50 Meter pro Pixel – und mehr als die Hälfte des Mars sogar mit 20 Metern pro Pixel. Die Auflösung der Kamera ist so hoch, dass Objekte ab einer Größe von etwa zehn Metern erkennbar sind.

Das Kameraexperiment **High Resolution Stereo Camera (HRSC)** wurden von Prof. Dr. Gerhard Neukum von der Freien Universität Berlin geleitet. Das Team bestand aus 45 Wissenschaftlern aus 32 Instituten und zehn Nationen.

Bei diesem Experiment waren auch Dresdner mit von der Partie. Bisher gab es keine Methode, um dreidimensionale Karten von Planeten anzufertigen, die ohne so genannte 3D-Brillen gelesen werden konnten. Dieses Problems hatte sich Prof. Manfred Buchroithner vom Institut für Kartographie der TU Dresden gemeinsam mit seinen Mitarbeitern angenommen. Die Teilaufgabe für die Dresdner: Die Erstellung einer dreidimensionalen Karte des Mars.

Die Daten wurden an die Wissenschaftler der TU Dresden übermittelt. Die mussten vor allem dafür sorgen, die Datenmenge durch mathematische Algorithmen zu reduzieren.

Daneben hatten sie eine Software entwickelt, die aus den noch verzerrten Rohaufnahmen hochgenaue Bildkarten macht.
Um die Karten nun dreidimensional wahrnehmen zu können, bediente man sich des so genannten Lentikularverfahrens. Dabei erfolgt eine optische Trennung von Teilbildern. Da dies dem natürlichen Sehen mit einem gesunden Augenpaar entspricht, sind die stehenden Lentikularkarten spontan dreidimensional wahrnehmbar. Eine Lentikularkarte besteht aus zwei Komponenten, dem Lentikularbild und der darüber liegenden Lentikularfolie. Beide Komponenten sind miteinander verbunden und ergeben das Lentikulardisplay. Die transparente Lentikularfolie dient zur optischen Trennung der einzelnen Bilder. Zu diesem Zweck befinden sich parallel angeordnete Kunststoff-Halbzylinderlinsen auf deren Oberseite. Das Lentikularbild beinhaltet mehrere inhaltsgleiche, aber perspektivisch verschiedene Einzelbilder der Szene, die in schmale Streifen zerlegt und in alternierender Folge angeordnet werden. Somit befindet sich unter jeder einzelnen Halbzylinderlinse jeweils ein Streifen aller Teilbilder. Die Einzelbilder werden im Vorfeld mit einer 3D-Software erstellt, nachdem ein digitales Höhenmodell des betreffenden Gebietes generiert oder aufbereitet sowie eventuell nach Höhenstufen koloriert und mit Signaturen und Schrift versehen wurde. Die optische Wahrnehmung der fertigen Szene als Gesamtheit erfolgt über die Fokussierung der Sehstrahlen des Betrachters durch die Halbzylinderlinsen auf die einzelnen Bildstreifen. Bei einer Veränderung des Blickwinkels durch seitliches Kippen der Lentikularkarte oder wenn der Betrachter den Kopf dreht, werden die Sehstrahlen auf andere Einzelbildstreifen gelenkt und wiederum als plastisches Gesamtbild wahrgenommen.
Diese neue Darstellungstechnik hat sich das Dresdner Unternehmen mbmsystems zu eigen gemacht. Aus dem Wissen des Instituts für Kartographie heraus entstanden weitere Einsatzmöglichkeiten. So werden neuartige Echt-3D-Landkarten angeboten. Während die neuen Echt-3D-Landkarten nur 0,5 Millimeter dünn sind, ergibt sich bei der Betrachtung eine wahrnehmbare Tiefe von mindestens 3,5 bis 4 Zenitmetern.
Nach der erfolgreichen Mars-Mission präsentierten die Wissenschaftler vom Kartographischen Institut Anfang 2006 eine weitere Premiere: Sie übertrugen erstmals digitale und interaktiv bewegte, dreidimensionale Daten in Echtzeit von einem Ort zum anderen. Im Rahmen einer Video-Konferenz-Vorlesung hatten die Wissenschaftler 3D-Daten in einen Dresdner Hörsaal projiziert und zugleich live nach Trier übertragen. Die Studenten in Dresden und in Trier konnten mit Polarisationsbrillen gleichzeitig dieselben Daten stereoskopisch, also dreidimensional, betrachten und diskutieren. Diese neue Technik eröffnete vor allem der Forschung und Lehre neue Perspektiven.

Der Mars – Feuer und Blut

Seinem rötlichen Widerschein hat der Mars es zu verdanken, dass er von fast allen antiken Völkern als Gott des Krieges angebetet wurde, denn das rötliche Funkeln erinnerte die frühen Beobachter an Feuer und Blut. Schon die Sumerer gaben ihm den Namen A.PIN, was soviel bedeutet wie: der, der Zerstörung bringt. Die Griechen nannten ihn Ares. Von den Römern schließlich erhielt er seinen noch heute gebräuchlichen Namen Mars.
Der Mythos Mars ist ungebrochen. Aufnahmen früherer Missionen vom Roten Planeten zeigen neben Terrassen, Inseln, Krater, Plateaus auch versiegte Fluss-Systeme. Neue Messergebnisse lassen sogar auf bedeutende Bodeneisvorkommen schließen. Der Marsboden scheint sich über große Areale schwammartig mit einem Stoff voll gesogen zu haben, ohne den selbst die abgebrühtesten Organismen nicht auskommen können: Wasser. Wenn es in der Frühzeit des Mars über geologisch bedeutende Zeiträume von ein bis zwei Milliarden Jahren Seen und Flüsse gab, kann sich dort zur gleichen Zeit wie auf der Erde einfaches Leben in Form einzelliger Mikroorganismen gebildet haben.

In der roten Wüstenwelt

Auszug aus dem Science Fiction-Roman „Mars“

„Touchdown“.

Es wurde zuerst auf Russisch ausgesprochen und dann sofort auf Englisch wiederholt.

Jamie Waterman spürte nicht, wann genau sie auf der Oberfläche des Mars aufsetzten. Das Abstiegsfahrzeug sank so langsam hinunter, daß Jamie und die anderen erst merkten, daß es endlich auf den Boden aufgesetzt hatte, als die Vibration der Bremsraketen erstarb. Neben allem anderen war Wosnesenski auch ein hervorragender Pilot.

Jedes Gefühl von Bewegung hörte auf. Es war völlig still. Durch die dicke Isolation seines Druckanzugs konnte Jamie nur sein eigenes aufgeregtes Atmen hören.

Dann kam Joanna Brumados Stimme durch seinen Kopfhörer, gedämpft und ehrfürchtig: „Wir sind da.“

Vor elf Monaten waren sie noch auf der Erde gewesen und vor einer halben Stunde noch im Orbit um den Planeten Mars. Dann kam der fürchterliche Landeanflug, bei dem sie sich rüttelnd und mit heftigen Stößen ihren Weg durch die dünne Atmosphäre gebrannt hatten, ein künstlicher Meteor, der eine flammende Spur über den leeren Marshimmel zog. Nach einer Reise von mehr als hundert Millionen Kilometern hatten sie bei diesem Abenteuer, das bereits mehr als vier Jahre ihres Lebens in Anspruch nahm, endlich ihr Ziel erreicht.

Nun saßen sie in benommenem Schweigen da, auf dem Boden einer neuen Welt, vier Wissenschaftler in unförmigen, bunten Druckanzügen, in denen sie aussahen, als wären sie von überdimensionalen Robotern lebendig verschluckt worden.

Abrupt, ohne einen Befehl aus dem Cockpit über ihnen, begannen die vier Wissenschaftler ihre Gurte zu lösen und sich steif und ungelenk von ihren Sitzen zu erheben. Jamie schob das Visier seines Helms hoch, während er sich zwischen Ilona Malater und Tony Reed durchzwängte, um zu der kleinen, runden Aussichtsluke zu kommen, dem einzigen Fenster in ihrem engen Abteil.

Er gelangte an das Fenster und schaute hinaus. Die anderen drei drängten sich um ihn. Ihre hartschaligen Druckanzüge prallten zusammen und glitten aneinander entlang, als wären sie ein Quartett unbeholfener Schildkröten, die ihre Schnäbel in ein und dieselbe winzige, lebensspendende Pfütze zu tauchen versuchten. Draußen erstreckte sich eine rote, staubige Wüste, soweit das Auge reichte. Rostfarbene Felsblöcke lagen auf dem öden, leicht gewellten Land verstreut wie von einem unachtsamen Kind zurückgelassene Spielsachen.

Der unregelmäßige Horizont schien viel zu nah zu sein. Der Himmel war von einem zarten Lachsrosa. Kleine, vom Wind geformte Dünen erhoben sich in präzisen Reihen, und an einigen der größeren Felsbrocken häufte sich der rötliche Sand auf.

Jamie katalogisierte die Szene professionell: Auswürflinge von Impakten, möglicherweise auch vulkanischen Eruptionen, aber wohl eher Meteoriteneinschlägen. Kein Grundgestein zu sehen. Die Dünen sehen stabil aus, sind wahrscheinlich seit dem letzten Staubsturm da, vielleicht noch länger.

„Der Mars", hauchte Joanna Brumado. Ihr Helm lag praktisch an seinem, als sie durch das Fenster spähten.

„Der Mars", pflichtete Jamie bei.

„Er sieht so trostlos aus." Ilona Malater klang enttäuscht, als hätte sie ein Empfangskomitee oder zumindest einen Grashalm erwartet.

Für Jaime sah die rote Wüstenwelt draußen vor dem Fenster genau so aus, wie er es erwartet hatte, nämlich wie daheim.

Das erste Mitglied des Teams, das die Landefähre verließ, war der stämmige Bauroboter. Jamie, der sich mit den drei anderen Wissenschaftlern an dem kleinen Beobachtungsfenster drängte, sah zu, wie das knollige Fahrzeug aus blaugrauem Metall auf seinen sechs weich gefederten Rädern über den staubigen roten Sand rollte und ungefähr fünfzig Meter vom Standort ihres Landers entfernt abrupt anhielt.

Während Jamie die eckige Maschine mit den unförmigen Flüssigsauerstofftanks drauf beobachtete, dachte er im stillen: russische Konstruktion, japanische Elektronik und amerikanische Software. Genau wie alles andere auf dieser Expedition.

Der Autor. Benjamin William Bova, geboren 1932, studierte Journalismus, war Redakteur bei technisch-wissenschaftlichen Zeitschriften, die sich mit der Raumfahrt beschäftigten. Später war er als Marketing-Manager bei einem Forschungslaboratorium tätig, bevor er begann, beim amerikanischen Satelliten- und Weltraumprogramm mitzuarbeiten.

Das Buch. Ben Bova bemüht sich um eine realistische Darstellung, wie die erste Marsmission der Menschen ablaufen könnte. Dies geschieht aus der Sicht von Jamie Waterman, einem Halbindianer, der als Geologe an der Expedition teilnimmt. Sehr eindringlich schildert er die Gegebenheiten auf dem Mars, wie sie 1992, als der Roman in den USA erschien, bekannt waren.

Mars. Heyne Science Fiction und Fantasy Nr. 6332, 1999, 780 Seiten, 10,95 Euro

Der fündige Boden

WEITERE SÄCHSISCHE SCHÖPFUNGEN

1450

Die Sitte, *Christstollen* zu backen, entsteht. Der Stollen soll das in Windeln gewickelte Christkind versinnbildlichen.

1504

Der *Pferdegöpel* wird in Schneeberg erfunden. Er ermöglichte von nun an den Bergbau bis in Tiefen von etwa 250 Metern, während zuvor nur Fördertiefen bis etwa 40 Meter erreichbar waren.

1512

Als bedeutende montanistische Neuerung wird das *Naßpochwerk* in Dippoldiswalde erfunden und durch Sigismund von Maltitz im Altenberger Zinnbergbau eingeführt.

1655

erfindet der Bergmann Balthasar Rösler in Altenberg den *Hängekompass*. Dieser Kompass für den Bergbau wurde später von dem Freiberger Bergmann und Markscheider Nicolaus Voigtel weiterentwickelt.

1672

Die erste *Vierspeziesrechenmaschine* wird von Gottfried Wilhelm Leibniz aus Leipzig entwickelt und schließlich von Arthur Burkhardt in Glashütte hergestellt, der hier die erste deutsche Rechenmaschinenfabrik gründet.

1668

entwickelt Ehrenfried Walther von Tschirnhaus den *Sonnenspiegel*. Mit diesem Konkavspiegel aus Kupferblech vermochte man mit Hilfe der Sonnenenergie, sieben Zentimeter dicke Zinn- und Bleistücke in nur drei Minuten zu schmelzen.

1682

Otto Mecke bringt mit dem Privileg des Kurfürsten Johann Georg III. unter dem Titel *Acta eruditorium* die *erste wissenschaftliche Zeitschrift* in Deutschland heraus. Der große Gelehrte Gottfried Wilhelm Leibniz publizierte in dieser Zeitschrift schon 1684.

1721

Die *Hammermechanik* für das Pianoforte wird 1721 von dem Organisten Christoph Gottlieb Schröter aus Hohenstein erfunden. Das Hammerklavier löste das Cembalo und das Klavichord der Barockzeit ab.

1782

Der *Eisenkunstguss* wird in Lauchhammer entwickelt. Das Eisen wird so dünnflüssig gemacht, dass es möglich ist, auch große Figuren im Ganzen fehlerfrei zu gießen.

1805

stellt der Chemiker Theodor Grotthus in Leipzig die Theorie der *Elektrolyse* auf, die er aus der Erkenntnis schloss, dass bei der Elektrolyse Oxidations- und Reduktionsvorgänge stattfinden. Grotthus gehört zu den Mitbegründern der Elektrochemie.

1814

Mit der vom Leipziger Friedrich König erfundenen *Schnellpresse* wird die *Times* in nur wenigen Stunden gedruckt. 1826 kommt die Maschine beim Verlag F.A. Brockhaus in Leipzig zum Einsatz.

1818

wird das heute wohl bekannteste und bedeutendste deutschsprachige Lexikon, die *Brockhaus Enzyklopädie,* in Leipzig herausgegeben.

1823

Das *Argentan* (auch Neusilber oder Apalca genannt) wird von dem Chemiker Ernst August Geitner in Schneeberg erfunden. Diese Nickel-Kupfer-Zink-Legierung wird als Untergrundmaterial für versilbertes Besteck als auch als Material für elektrotechnische Geräte eingesetzt.

1824

hat als erster der Dresdner Topograph und Geograph Wilhelm Gotthelf Lohrmann die *Mondtopographie* geschaffen. Er gilt damit als Begründer der Selenographie und Schöpfer der genauen Mondkarte.

1844

Russisch Brot nennt der Dresdner Bäckergeselle Wilhelm Hanke ein Gebäck, dessen Rezeptur er von einer Walz in Russland mitgebracht hatte.

1846

Die *Turbine* wird vom Kunstmeister Friedrich Wilhelm Schwammkrug in Freiberg geschaffen. Diese Erfindung stellt einen bedeutenden Fortschritt in der Entwicklung der Bergbautechniken, den bergmännischen „Künsten", dar.

1850

Rudolph Sack konstruiert in Plagwitz bei Leipzig den ersten *Pflug* aus Eisen und Stahl. 1913 arbeiteten 2.000 Beschäftigte in der Firma, die bis 1945 zu den führenden Landmaschinenfabriken Deutschlands zählte.

1871

entdeckt Clemens Winkler, Professor an der Freiberger Bergakademie, das Halbmetall *Germanium.*

1872

Die Radeberger Exportbierbrauerei braut in Deutschland das erste *Pilsener.*

1874

erfindet Emil Oskar Richter in Chemnitz den *Nullenzirkel* mit feststehender Achse sowie die Punktierfeder und damit Standards in der Reißzeug-Herstellung auf der ganzen Welt.

1907

wird der *eiserne D-Zug-Wagen,* d.h. der erste deutsche Eisenbahnwagen mit eisernem Kastengerippe, von der Waggonbauanstalt in Bautzen zum Einsatz übergeben.

1918

Ohne *Elektronenröhren* wäre bis in die sechziger Jahre hinein eine weltumspannende Kommunikation nicht vorstellbar gewesen. Die theoretischen Grundlagen für diese bahnbrechende Erfindung legte der Dresdner Professor Heinrich Barkhausen.

1919

Die 1890 von Egbert Günther gegründete Firma Eg-Gü füllt weltweit als erste *Schuhcreme in Tuben* ab.

1927

Der *Bildtelegraph* entsteht entscheidend durch August Karolus, Professor für angewandte Physik an der Universität in Leipzig. Der erste Bildübertragungsdienst Berlin-Wien wird möglich.

1929

In Niederwartha bei Dresden wird das leistungsstärkste *Pumpspeicherwerk* der Welt gebaut. Seitdem stellt es Elektroenergie konstant bereit.

1929

Der erste *Schienenbus*, der in den Verkehr gebracht wird, kommt aus den Werkstätten der Linke-Hofmann-Busch-Werke AG in Werdau.

1932

ist die „Contax" die erste *Kleinbildkamera* 24 mm x 36 mm für perforierten Film.

1936

kreiert der Schokolatier Herbert Wendler in Dresden die *Dominosteine*, eine Süßigkeit, die aus Schichten Lebkuchen, Marzipan und Gelee zusammengesetzt wird.

1949

wird die *Nähwirktechnik* von Heinrich Mauersberger in Limbach-Oberfrohna erfunden. Er entwickelte zusammen mit Textilmaschineningenieuren den Prototyp einer Nähwirkmaschine vom Typ Malimo.

1952

Der *Braunkohlen-Hochtemperatur-Koks* wird entwickelt und im Braunkohlenkombinat „Schwarze Pumpe" eingeführt.

1993

In den Kamerawerken Noble in Dresden wird eine *Rollfilm-Panoramakamera* entwickelt, die ein verzerrungsfreies Bild mit einem Aufnahmewinkel von 146 Grad ermöglicht.

Personenregister

Fotonachweis

012 dpa
014 dpa
016 Jürgen Jeibmann
018 Porzellan-Manufaktur Meißen
022 SZ-Archiv
023 SZ-Archiv
025 SZ-Archiv
026 SZ/Ronald Bonß
029 SZ/Steffen Füssel
030/031 Tony Findeisen
032 SZ-Archiv
034 Verkehrsmuseum Dresden
036 SZ/Steffen Füssel
038 SZ-Archiv
040 SZ-Archiv
041 SZ/Ronald Bonß
042 SZ-Archiv
043, 044 Tony Findeisen
045 adpic
048 adpic
050 SZ-Archiv
051 SZ-Archiv
052 Tekniskmuseum Oslo
055 dpa
056 adpic
059 adpic
064 SZ/Thomas Lehmann
067 SZ/Wolfgang Wittchen
068 Pfunds Molkerei
071 SZ-Archiv
072 GlaxoSmithKline
074 GlaxoSmithKline
075 Österreichische Nationalbibliothek
077 GlaoxSmithKline
080 Jürgen Jeibmann
082 dpa
083 SZ-Archiv
084 SZ/Veit Hengst
087 SLUB/Deutsche Fotothek
088 Fila
090 Europäisches Patentamt
092 Jens Kleemann
095 ilexikon
096 Ronald Bonss
098 Kommunikation Schnell
100 MoPo/Ove Landgraf
102 SZ/Archiv
103 Sammlung Holger Naumann
104 adpic
106 plakaty.ru
108, 110, 111 Melitta
114 Jürgen Jeibmann
116 Jürgen Jeibmann
118 Archiv Günter Wolter
120 Technische Sammlungen Dresden
122 SZ-Archiv
124 Jürgen Jeibmann
127 en.wikipedia.org
128, 130, 131 Teekanne
134 SZ-Archiv
136 Deutsches Museum München
137 SZ-Archiv
140, 142 Henkel
144 Michael Lukoszek/ www.dresdner-kameras.de
146, 147 Technische Sammlungen
148 B. Hessler, Lübeck
150 dpa
152 Elbeo
154, 156 Deutsches Strumpfmuseum
156, 158, 159 Verkehrsmuseum Dresden
160 Technische Sammlungen Dresden
162 BArch, Bild 183-1988-0912-400 / Klaus Franke
164 TU Dresden
166 Christian Hadle
168 Jürgen Jeibmann
171 o. SZ-Archiv
171 u. NASA
172 Jürgen Jeibmann
174, 177 FU Berlin
178/179 ESA/DLR/FU Berlin (G. Neukum)
181 NASA
184 SZ-Archiv